生态关系：

中国绿色发展的生态智慧与生态技术

Ecological Relationships:
Eco-Intelligence and Eco-Technology
for China's Green Development

伍业钢　李百炼　主编

江苏凤凰科学技术出版社・南京

图书在版编目（ＣＩＰ）数据

生态关系：中国绿色发展的生态智慧与生态技术 /
伍业钢，李百炼主编 . — 南京：江苏凤凰科学技术出版
社，2023.5

ISBN 978-7-5713-3053-8

Ⅰ.①生… Ⅱ.①伍…②李… Ⅲ.①生态环境建设
－研究－中国 Ⅳ.① X321.2

中国版本图书馆 CIP 数据核字（2022）第 126914 号

生态关系：中国绿色发展的生态智慧与生态技术

主　　　编	伍业钢　李百炼
项 目 策 划	凤凰空间 / 曹　蕾
责 任 编 辑	赵　研　刘屹立
特 约 编 辑	曹　蕾

出 版 发 行	江苏凤凰科学技术出版社
出版社地址	南京市湖南路 1 号 A 楼　邮编：210009
出版社网址	http://www.pspress.cn
总 经 销	天津凤凰空间文化传媒有限公司
总经销网址	http://www.ifengspace.cn
印　　　刷	河北京平诚乾印刷有限公司

开　　　本	710mm×1000mm　1/16
印　　　张	12.5
字　　　数	232 000
版　　　次	2023 年 5 月第 1 版
印　　　次	2023 年 5 月第 1 次印刷

标 准 书 号	ISBN 978-7-5713-3053-8
定　　　价	158.00 元

图书如有印装质量问题，可随时向销售部调换（电话：022-87893668）。

前言

　　"十四五"时期的生态与环境保护规划提出，以实现 2035 年基本建成美丽中国的目标为指引，做长长板、补足短板、以点带面，全面开展目标设定、措施部署工作。具体来说，一是要将各行政区域生态保护和绿色发展融入流域、区域的生态环保和绿色发展大格局，即基于长江、黄河流域生态大保护和绿色发展的基础上，增加对淮河、海河、松花江、辽河等大流域，渤海湾等大海域的流域生态系统修复。二是以武汉、成都、长沙、西安等为中心城市的大都市群，在长三角、珠三角、汾渭平原等区域全面开展流域和区域生态保护与绿色发展工作，将各行政区域与流域大格局的生态保护和绿色发展结合起来，整体提升我国生态保护和绿色发展质量。为实现这两大目标，处理好各种生态关系至关重要。

　　生态学也可以称为"生态关系学"。生态不等同于自然，也不等同于环境，生态包含自然与环境。其中，环境包括自然环境和社会环境。因此，生态学是研究自然、自然环境和社会环境相互作用与相互关系的科学。生态学有三大要素：生态承载力（Ecological Capacity，比如草场承载力、城市承载力、生态系统承载力等）、生态关系（Ecological Relationships，比如，草场与羊群的关系、城市空间格局与交通的关系、生态系统结构与功能的关系等）、生态可持续性［Ecological Sustainability，比如草场、城市、生态系统在不突破生态承载力的条件下，都有一定的生态可塑性（Ecological Resilience），都可以保持生态可持续性］。其中，生态承载力强调生态系统的限制性和不可逾越性；生态关系是保护和发展的关键，是生态可持续的关键，是生态学的全部意义所在；生态可持续性和生态可塑性是生态系统的自然属性。

　　生态不仅是保护的概念，也是发展的概念。生态保护与绿色发展的生态关系根本在于它们是"一枚硬币的两面"，是相辅相成的。对于生态关系的论述，我们将着重探讨生态保护与绿色发展的十大生态关系。当然，在阐述处理好这十大生态关系的同时，也包含生态保护和绿色发展中处理一系列生态关系的生态智慧

（Eco-Intelligent, EI）及生态技术（Eco-Technology, ET）。

1. 不同生态尺度和不同生态等级上的生态关系

生态尺度（Ecological Scale）的含义不是空间范围或面积大小的问题，而是一个生态等级（Ecological Hierarchy）的概念（O'Neill et al., 1986）。生态修复和生态保护是指在不同空间尺度上产生的问题，也只能在所特定空间的尺度上解决问题。比如，从城市小区的尺度，需要做好海绵建设，雨水就地下渗、减少地表径流。而在城市区域的尺度上，为了避免"城市看海"，就应该把城市建设在安全高程之上，避免占用水面，应该"围城"而不"围水"。从流域的尺度，应该保护水系的自然水文形态，保护河流的弯曲度，保护河漫滩和湿地，更重要的是要保护水系水岸植被，需要加大力度恢复城市区域的湿地和水面的面积。在流域尺度上产生的问题，也只能在区域或流域的尺度上解决问题。这是生态学的基本常识，即一切生态关系是以生态尺度为基础的生态系统关系。如果某一生态尺度上的生态系统中各种生态关系突破了生态承载力，系统就会崩溃，也就不可持续。而维持和提高生态承载力的关键就是评估和协调好生态系统内部和外部的各种生态关系。生态关系包括：功能、结构、过程、动态、空间、时间和尺度的相互交错的复合关系（金卫斌等，2008；伍业钢等，2018）。

2. 生态系统的空间生态关系——空间格局

空间格局即景观格局（Landscape Pattern）。它是空间斑块（Patches）、斑块大小、斑块边界、斑块距离的生态关系。空间格局是景观生态学的三大重要概念［空间格局、时空尺度（Temporal and Spatial Scales）、斑块动态（Patch Dynamics）］之一。景观生态学也称之为空间生态学、国土空间生态学、空间生态系统生态学，简而言之生态系统加上空间维度就是景观生态学。景观生态学是应用性很强的生态学学科，景观是特指有一定空间面积和边界的生态系统。空间大小构成不同的空间尺度（比如社区尺度、城市尺度、流域尺度、全球尺度）。从技术层面上讲，景观生态学的研究需要参照该空间尺度下生态系统的历史和发展的变化，这就是空间动态（斑块动态）。而这种空间动态在不同空间尺度上也相对应于不同时间尺度（比如，湿地景观斑块动态可能是以年来表示，而流域植被景观斑块动态可能是以世纪来表示），空间尺度和时间尺度的统一，统称为时空尺度。

另外，景观生态系统和景观空间格局在不同的生态尺度，都具有不同的斑块镶嵌格局和生态廊道。按照景观生态学的术语，斑块是指某一种景观内部较为一致且具有一定的空间面积、形状和明显的边界。廊道（Corridor）是指对于链接某一种野生动物生境景观而言的两块生境斑块的最小安全生境过道。另一个景观生态学的术语——基质，是指景观元素，比如森林景观、植被景观、农田景观等。斑块、廊道、基质构成景观生态系统的空间格局。格局是指空间的相互关系，可以是二维的、三维的，加上时间也可以是四维的。格局也是景观的空间生态关系。

3. 绿色发展与生态系统的时空相互依存之生态关系——生态经济

生态经济学（Ecological Economics）是跨学科和交叉学科的学术研究领域，它致力于解决人类经济与自然生态系统在时间和空间上的相互依存和共同发展的生态关系。可持续发展就是通过将经济视为地球上生态系统的子系统，并强调保护自然资本和社会经济资本的可持续性，使得人类社会在时间和空间上可持续发展。生态经济学的领域与环境经济学有所区别，生态经济学和环境经济学是不同的经济学思想流派。环境经济学是对环境资产利用的经济学分析以及对环境资产利用的最优化研究。生态经济学则强调经济的可持续性，强调经济成本、社会成本和生态成本，并主张人类社会的物质资本对自然资本的不可代替性。

传统经济学以自然资源无限供给作为条件，自然资本的稀缺性将直接影响一个地区的经济产出。如中国越来越多的沿海地区，由于土地、能源和水资源供应不足，制约了当地经济的发展，增加资源的数量和提高其质量就会增加当地社会总产出。在生态文明建设中如何实现经济增长和环境保护协同推进是一个难点。自然资本的提出为解决这个难点提供了很好的解决方案。中国要持续发展，其前提是需要有足够的投资。投资自然资本是寻找新的有可持续发展意义的投资领域，是符合中国转型发展方向的。而自然资本的投入与生态补偿、绿色国内生产总值（GDP）、生态系统服务价值有关。

4. 生态保护的国家发展战略与生态可持续性的关系

生态保护（Eco-Protection）、生态修复（Eco-Restoration）、生态文明（Eco-Civilization）作为国家未来可持续发展战略，它不仅是一个权宜之计，也不单是一个保护的概念，而是一个发展的概念，是一个经济可持续发展的概念。从这个意义上讲，生态保护即是经济可持续发展；生态效益即是经济效益；生态保护即是生态经济（Ecological Economics）。经过改革开放四十余年的发展，当前中国已迈入新的发展阶段，这个阶段我们要有一个新的发展模式、新的生活模式和新的经济增长模式。这个模式也就是生态经济模式、绿色发展模式、生态发展模式、"生态+"模式。这个发展模式是中国发展的 2.0，是一个新的台阶、新的版本。

我们认为推动这个"生态保护、生态修复、生态文明"的国家发展战略，需要有一个顶层设计。就是说，我们从"十四五"到 2035 年，再到 2049 年，在中华人民共和国成立 100 周年的时候，国家的发展会是一张什么样的蓝图？这张蓝图决定我们的发展模式和经济模式，这必然是生态可持续发展的蓝图。我们希望以湖州作为榜样，提供一个战略示范、一个可复制的模式。这个蓝图将提供一种全新的增长模式，一个新的经济增长的动力和引擎。毫无疑问，生态经济和生态文明的理念将引领这一蓝图的顶层设计。

5. 处理各种生态关系的生态技术

不同的生态系统内生态关系极其复杂，生态关系的复杂性又决定了生态保护和生态修复中生态技术的复杂性。在湿地生态修复过程中，要坚持尊重自然法则、重塑景观格局和恢复生态系统的结构和功能的基本原则，目标是提高湿地生态系统的自我修复和自我净化能力。这就需要通过一系列生态技术，尽量减少人为工程的干扰。首先，要保证湿地作为水资源保护、雨洪资源储存、生物生境多样性、景观格局多样性、城市防洪安全（即保障湿地周边建设区的防洪安全以及湿地生态系统的排涝安全）等复杂的、相互交错的生态系统功能和结构得以修复。然后，要根据湖底、河床、湿地的坡降比，改造其微地形，打造坑塘岛屿系统和锅底形地形，保证万分之一至千分之一的坡降比，恢复水生态系统自净化的水动力，恢复湿地的自然空间格局。最后，要根据最大连续降水量，设定安全高程，设计陆地的建设区和非建设区，保证城市建设永远免遭洪水危害。

湿地生态系统要实现可持续发展，就必须拥有高效、完善、可持续的自我修复和自净化能力。为实现这一目标，我们着重讨论流域水系（河流、湿地）生态保护和生态修复的生态技术。在进行湿地建设过程中，我们选择了六大生态技术

（河床空间改造、三道防线、湿地植被系统、跌水堰曝气富氧、原位微生物激活技术、水岸林生态系统保护）。

6. 生态修复的自然法则和生态关系

效法自然的生态保护和生态修复理念是基于生态学的基本原则。比如湿地生态系统在其千百年的自然演化过程中，它的空间格局、水动力、水深变化、水与植被的相互作用、水与土壤的相互作用、厌氧土壤与植被的相互作用、水岸的演替、湿地岛的演替、植被的演替等，都存在着千丝万缕的生态关系。理解这些生态关系，就是对湿地生态系统和景观空间格局的理解，也是对湿地自然法则的理解。可是，对这样一种动态的、复合的生态系统关系的理解，以及如何应用于湿地生态保护和生态修复，对于湿地生态学家是极为困难的。因为，人们对大自然的理解永远是那么欠缺。所以，效法自然的理念成为生态修复的最安全、最可持续的原则。我们认为，生态修复应该效法自然法则，关注、理解和模仿当地或者是区域内自然湿地的生态系统、空间格局、水动力、植被结构，这也许是保证生态系统可持续性最可靠的方法。

为了面向未来，必须理解自然，效仿自然，遵守自然法则，与自然共存。然而，未来技术的发展和自然的变迁都将对生态保护和可持续发展构成最大的挑战，尤其是在全球气候变化的情况下。我们可以不必争论全球变暖是否成立，或者是否会导致全球气温升高1℃或3℃，而应该更关心极端降水、极端暴风雪、极端洪水和干旱、极端寒冷和炎热等极端天气，以及由于局部和区域性冰川融化而导致海平面和湖水水位上升。特别是所有这些极端事件与环境污染和资源枯竭相结合，使可持续性变得极为不确定，并使社会和人类赖以生存的环境处于前所未有的危险之中。

7. 城市发展和生态城市建设的生态关系

我们作为生态学者，时时刻刻都在拷问自己：什么是生态城市？为什么需要生态城市？如何建设生态城市（理念和技术）？生态城市的标准是什么？

生态城市无疑是生态可持续的城市。而城市的可持续建设必然要充分了解城市发展的生态承载力，即限制因素或"瓶颈"，更应该把握好城市发展过程中的各种生态关系。

水是生态文明城市的动脉。我们定义了水生态文明城市建设的六条标准——水生态安全、水环境保护、水资源可持续、水景观美好、水文化传承、水经济繁荣。水生态文明建设是生态城市基础建设的关键，水生态文明是以水资源环境承载力为基础，实现人与自然水系和谐共生、城市与水系的良性循环和可持续发展。因此，生态城市也就是以流域水资源、自然资源、地形资源、植被资源、气候资源等生态资源承载力为本底，实现人与生态资源的和谐共生、经济与生态资源的可持续发展、社会与生态资源的良性循环、城市基础设施及空间格局与生态资源的相互吻合，并以可持续发展为目标的资源节约型、环境友好型城市。

8. 流域生态系统修复和保护的生态关系

流域（Watershed）是陆地河流水系地表汇水面积内所有生态系统的统称。流域长度是指河流源头到出海口的距离，流域水系是指主河道以及所有大大小小的分支，流域总汇水面积包括大大小小支流的汇水面积，这些大大小小的流域之间被"分水岭"（山脊或波峰线）所分开。大大小小的汇水面积形成大大小小的流域，即大大小小的生态系统（如河流生态系统、湖泊生态系统、湿地生态系统、森林系统、农业生态系统、城市生态系统等），称之为流域生态系统。流域内大大小小的汇水空间面积形成流域景观，流域景观包括不同的景观空间格局，如河流景观、湖泊景观、湿地景观、森林景观、农业景观、城市景观等。研究流域生态系统，就是研究流域生态系统的生态承载力、生态关系、生态动态、生态系统过程、生态系统功能和结构，以及生态可持续性。研究流域景观就是研究流域景观的空间生态承载力、空间生态关系、空间格局、空间动态、空间生态过程、时空尺度，以及流域空间（景观）生态可持续性。

流域生态系统修复目标必须很清楚，而且要有可检验性，还要有预算及可行性研究报告。同时，流域生态系统修复与流域生态系统健康息息相关。之所以需要生态修复，是因为人类的活动使流域生态系统偏离了生态系统健康的轨道。

9. 长江流域生态大保护的生态关系

长江流域生态大保护是支撑长江经济带经济发展的大战略。长江生态大保护的经济代价是巨大的。但是，生态大保护的投入也将成为新的经济引擎、新的GDP。为此，通过全流域的考察，我们提出长江经济带生态大保护、大修复、大发展的十大目标及战略措施。而实现长江经济带生态大保护的十大战略措施总投入需十多万亿元。换言之，为了再造新长江，实现生态长江、美丽长江的中国梦，需付出相当于 2015 年长江经济带 GDP 总量 1/3 的代价。但是，生态修复所投入的十多万亿元也是 GDP 的一部分。这些生态修复的巨大投入将为实现区域生态、经济、社会的协调和可持续发展铺平道路。可以预测，长江生态大保护在未来十年的保护、修复、发展过程中，将实现 40 万亿元的总体效益。

10. 黄河流域生态修复的生态关系

黄河流域生态修复是将黄河流域分为四个河段（区域）来建立生态修复的目标和预算。上游作为三江源国家公园重点保护；中游黄土高原重点恢复植被，减少水土流失；黄河流域生态修复的核心区是黄河下游滩区的生态治理和改造，黄河下游滩区改造与生态治理实现治河与经济发展的有效结合，对助推中原经济区快速发展具有重要意义。

（1）黄河上游生态大保护与三江源国家公园保护：应该扩大三江源国家公园保护区范围，包括雪山、森林、湖泊、湿地；应该将整个三江源国家公园归属国家公园管理局统管；应该按三江源源头流域面积（汇水面积）划定三江源国家公园的范围和面积，包括雪山、森林、草地、湿地、湖泊等。同时，应该划定三江源国家公园无人区，不允许任何车辆人员进入，禁止三江源国家公园的旅游和各种开发（实施特别保护条例）。

（2）黄河流域中游黄土高原地区生态修复重点：应该重点恢复植被，减少水土流失，但是不应该追求"黄河清"，黄河泥沙是黄河的自然属性，是造就华北平原的物质条件和大自然给中华大地的恩赐。

（3）黄河流域中游河套地区生态修复与农业发展：应该更多地融入生态农业、节水农业、光伏农业；把耕地整治、开发与水系水岸植被保护和植被生态修复结合起来。

（4）黄河下游生态修复与黄河出海口国家湿地公园：应该打造从郑州到黄河口宽 10 ~ 50 km，长 500 km 的新时代的黄河下游国家森林公园，建设"充分扩展洪泛平原湿地和森林，泥沙分区落淤，保护地表水资源，补充地下水资源"的生态治理工程。

我们将上述十大生态关系作为本书的十大篇章介绍给读者。显然，这本书是为中国绿色发展的管理者所写，也为生态修复和生态保护的工程师、设计师所写。书中所涵盖的生态学概念、理论、原则，包括生态关系、生态智慧、生态技术，也应该对生态学研究员、研究生以及生态学教育工作者、环境保护工作者和志愿者都有所启示和帮助。

　　这本书是我们团队多年来的实践和智慧的结晶。没有每一位同仁的共同努力，就不可能有如此系统的思路。我们永远感谢每一位同仁的智慧和辛勤耕耘！

北京博大生态城市规划设计院院长、国际生态城市建设理事会秘书长

美国加利福尼亚大学（河滨）生态复杂性及其建模实验室生态学
资深终身教授、世界生态高峰理事会（EcoSummit）主席

2023 年 1 月

目录

1

生态关系与生态尺度

从城市小区的尺度来看，需要做好海绵城市建设，让雨水就地下渗、减少地表径流。而在城市区域的尺度上，为了避免"城市看海"，就应该把城市建设在该城市区域的安全高程之上，应该避免占用水面，应该"围城"而不"围水"。从流域的尺度上，应该保护水系的自然水文形态，保护河流的弯曲度，保护河漫滩和湿地，更重要的是要保护水系水岸植被，需要加大力度恢复湿地和水面的面积。那么，在流域的尺度上产生的问题，也只能在区域或流域的尺度上解决问题，这是生态学的基本常识，即一切生态关系是以生态尺度为基础的生态系统关系。如果在某一生态尺度上的生态系统中，各种生态关系突破了生态承载力，那么生态系统就会崩溃，也就不可持续。而维持和理解生态承载力的关键就是要理解和协调好生态系统中内部和外部的各种生态关系。生态关系是由功能、结构、过程、动态、空间、时间和尺度相互交错的复合关系。

关键词

生态关系、生态尺度、生态等级、时间尺度、空间尺度、生态系统、"城市看海"。

生态尺度（Ecological Scale）的生态学意义不是一个空间范围或面积大小的概念，它是生态学的一个重要范式，是一个生态等级（Ecological Hierarchy）的概念（O'Neil et al., 1986）。它指的是不同生态系统在空间、时间和功能上的等级关系，即不同的生态系统所属的空间尺度、时间尺度、功能尺度是不同的，既属于不同等级，又密切相关。生态尺度不同于制图学中的尺度，不同生态尺度上的生态系统具有其独特的性质、矛盾、问题等，也具有不同的研究实体、研究对象、研究目标、研究方法等。因此，对于研究不同生态尺度上的生态系统，选择合适的研究尺度和相对应尺度的研究方法非常重要。同理，生态修复和生态保护是在什么空间尺度上产生的问题，也只能在所特定空间的尺度上解决问题。比如，从城市小区的尺度，需要做好海绵城市建设，让雨水就地下渗、减少地表径流。而在城市区域的尺度上，为了避免"城市看海"，就应该把城市建设在该城市区域的安全高程之上，应该避免占用水面，应该"围城"而不"围水"。从流域的尺度，应该保护水系的自然水文形态，保护河流的弯曲度，保护河漫滩和湿地，更重要的是要保护水系水岸植被，需要加大力度恢复城市区域的湿地和水面的面积（Chou et al., 2018）。

那么，在流域的尺度上产生的问题，也只能在区域或流域的尺度上解决。这是生态学的基本常识，即一切生态关系是以生态尺度为基础的生态系统关系。如果某一生态尺度上的生态系统的各种生态关系突破了生态承载力，生态系统就会崩溃，也就不可持续。而理解和维持生态承载力的关键，就是理解和协调好生态系统中内部和外部的各种生态关系。生态关系是由功能、结构、过程、动态、空间、时间和尺度相互交错所组成的复合关系（图1.1）。

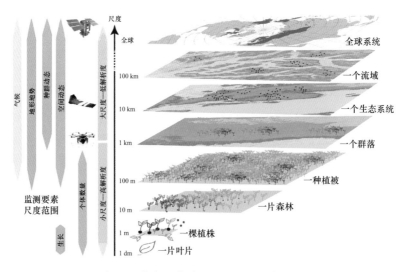

图 1.1　生态尺度（Ecological Scale）示意

　　生态关系最重要的一个原则就是研究和分析这些功能、结构、过程、动态、空间和时间相互交错的复合关系都是建立在什么样一个特定的生态尺度上的。作为生态保护工作者，我们应该比较容易理解生态尺度，它跟面积和时间的单位有关，比如时间尺度的秒、分钟、小时、日、月、年、百年、千年、地质年代等。空间尺度比如个体、种群、生态系统、生物圈；或者是一片叶子、一棵植株、一片森林、一种植被；也可以是一个社区、一个城市、一个流域、一个国家、全球等不同的尺度。它和面积大小有一定的关系，但又不完全相关。它是不同生态系统在不同尺度的等级关系，即某一生态系统是在"dm"级别上的，只能以"dm"作为"研究尺度"；而某一生态系统是在"km"级别上的，就只能用"km"作为"研究尺度"。生态尺度与地图比例尺大小的尺度概念是不同的。可以说，生态尺度是生态关系发生在一个什么样的空间和时间的特定"单位"上，即是在一个什么样的"生态等级"（Ecological Hierarchy）上发生的生态关系（图 1.2）。

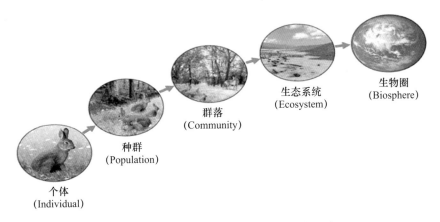

图 1.2　生态等级（Ecological Hierarchy）示意

　　可见，我们讨论所有的生态关系都跟生态尺度有关，都必须放在一定的生态尺度上来讨论和协调（解决）这些生态关系。生态保护的任务是要把握什么样的生态关系可以在什么生态尺度上得以解决，或者说，在什么生态尺度上来讨论什么生态关系的问题。另外，在确定生态关系的生态尺度时，既有一个生态尺度内的生态关系，也有同一生态尺度的内部与外部的生态关系。

　　比如，"海绵城市"是从"低影响开发"（Low Impact Development，LID）演化而来的。显然，它是讨论小区内开发的雨洪关系、雨水下渗关系、面流污染关系、雨水资源关系。"海绵城市"关注小区的开发对小区外部地表径流的影响关系、面源污染的关系等。也就是说，"海绵城市"可以在城市内小区域尺度上解决地表径流、小区域尺度的雨水资源等问题。但是它不可能、也不应该用于解决"城市看海"的问题。

准确地说，"海绵城市"并不是海绵的城市，而是城市中的海绵体，或者称之为"城市海绵"。城市中大大小小的海绵体可以实现其海绵的功能，解决区域内雨水下渗、减少地表径流、减少面源污染等问题。但是它不具备"海绵城市"所预期的解决"城市看海"的生态功能、生态效应、生态关系的生态尺度（李百炼等，2021）。图 1.3 展示我们从城市尺度，对湖北荆门漳河新区爱飞客小镇的生态蓝网和生态绿网的空间格局进行的设计，它通过打造漳河新区的"海绵核心"，保障了示范区的生态安全。

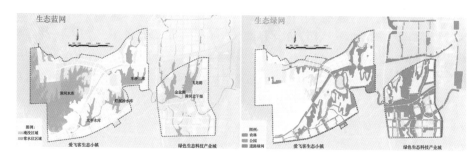

图 1.3 湖北荆门漳河新区爱飞客小镇的生态蓝网和生态绿网

1.1 社区尺度上的生态保护

社区尺度上的生态保护是遵循"海绵城市"的理念，即低影响开发在中国的通俗版本（伍业钢，2016），旨在通过在城市里建设很多"海绵体"似的雨水花园、草地、林地、湿地、水塘、湖泊等来储蓄雨水资源，加快和加大雨水就地下渗率，减少地表径流（水土流失、面源污染）。"海绵城市"提出了"雨洪是资源"的正确概念。因此，我们提出了海绵城市建设的四大策略：①保护原有水系生态系统，最大限度地保护原有河湖水系、湿地景观、水岸植被生态体系；②生态修复被破坏的水生态系统，治理水污染、面源污染、农业面源污染等问题；③保护和扩大绿地面积，建设雨水花园、绿地花园、湿地公园、城市公园、线性公园、街心公园、社区公园等；④建设城市生态安全格局，保证都市生态廊道和水系的连续性和完整性，扩大城市水系和湿地面积，保证雨水更容易就地下渗，保护雨洪资源（图 1.4）。

图 1.4 海绵城市设计的低影响开发的雨水设施

海绵城市建设的目标可以归纳为，综合采取"渗、滞、蓄、净、用、排"等措施，包括下沉式绿地、湿地公园、雨水花园、生态草沟、生物滞留池等，最大限度地减少城市开发建设对生态环境的影响；核心目标就是削减径流峰值，控制径流污染，将75%以上的降水就地消纳和利用，核心区雨水资源化利用率目标为60%，入河污染物总量不超过开发前［以地表Ⅲ类水体化学需氧量（COD）环境质量标准计］。

小尺度区域的生态绿网和生态蓝网的空间格局，是保障整体生态格局安全的重要措施。生态绿网的设计以水林带为纽带，联合道路防护林带、农田防护林网形成"三带"连通的绿色网格构架，并以"三带"构成的基本骨架，连通河流湿地景观区、城市区及林地区，形成"基底＋斑块＋廊道"相结合的绿色景观格局。生态蓝网的设计是在保障防洪安全的基础上，保护现状水库、湖泊、河网水系，构筑人工沟渠形成水系连通，恢复湿地水动力，沿岸设立植被缓冲带，并保留坑塘现状，构建蓄水池、雨水湿地等低影响开发的雨水设施，增加雨季集水区和周边绿化防护面积，打造城市的"海绵体"（图1.5）。

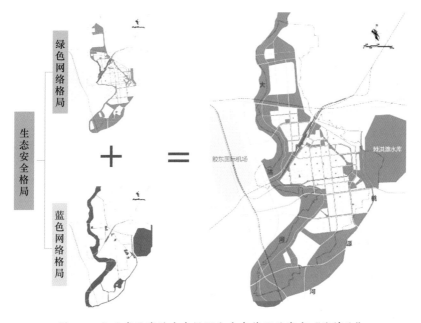

图 1.5　小尺度区域的生态绿网和生态蓝网的城市"海绵体"

1.2　城市尺度上的生态保护

在城市尺度上，城市内部的生态关系是什么呢？城市外部的生态关系又是什么呢？

城市化发展改变了城市下垫面的物质组成与结构，原有的湿地、林地、草地被住宅、道路、街区等替代，城市降水径流过程发生了显著变化。以武汉市为例：历史上，武汉有"三山六水一分田"的说法。现在武汉的六分水（湖、河漫滩、湿地）变为二分水，其余四分水变成了城市。暴雨来了，由原本的四分水形成的城市被淹再正常不过。究其原因大致有两点：一是城市的不透水地面面积增加，排水系统相对滞后；二是部分城区就建在"雨洪通道"上（低洼处），防洪高堤又阻止了雨水外排的可能。城市雨水外排的解决出路也许就在于一分田。如果有可能将雨水尽快引入田间的途径，这也许是解决武汉"城市看海"问题的措施之一。水往低处流是常识，而"城市看海"的根本原因可能是城市内的水没有低处可流。即在城市空间尺度上，城市内涝的第一大原因就是没有处理好"水往低处流"的生态关系。如果已经把城市建在低洼的湖区，那么仅靠雨水花园和城市绿地的下渗、地表径流的"海绵城市"建设，都不可能对城市空间尺度上的"城市看海"有足够的影响力。因为，在城市空间尺度上的"城市看海"受城市地形地势的影响，受区域性排水的影响，受暴雨强度的影响（图1.6）。

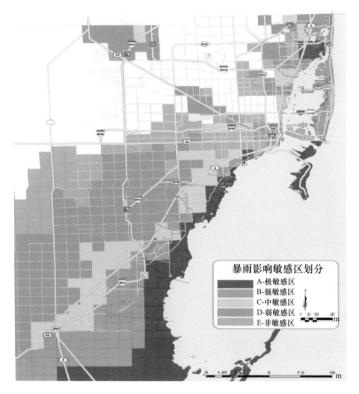

图 1.6　美国迈阿密城市内涝受地形地势及强暴风雨影响的区划

古今中外，城市一般都喜欢依山傍水。仔细观察，你会发现：一是城市建设都应该在最大洪水线之上，称之为"安全建设高程"。暴雨来了，雨水自然往低洼的水系里排，由于有广袤的田野吸收暴雨，村庄就不可能产生内涝（图1.7）。二是像荷兰的阿姆斯特丹那样，城市建在低洼地，建时就把城市围起来，洪水来了，把水往外抽。这个"把城围起来"的理念和"把水围起来"的理念是不一样的。前者突出了敬畏自然，是保守的，也是较为安全的；后者突出了人的意志，是进取的，也是较为危险的（Wu et al., 2020）。

图 1.7　荷兰的阿姆斯特丹海边村庄

城市尺度上的"城市看海"跟城市的空间格局也有很大关系。城市的建设者偏爱把大片土地平整后建城市。由于水表张力的影响，在平坦的城区，一场暴雨的前30分钟，暴雨雨水无法向四周扩散而在城内聚集，城市"看海"自然就不可避免了。而且，平整的城区面积越大，"城市看海"就越严重。为此，城市建设者建设城市的排水系统以期能够解决"城市看海"的问题。但是排水井口总是在低洼处，暴雨一来，最容易堵塞的也是这些排水井口。目前，解决此问题的办法有两种：一是改进井口的设计，改平坦式井口为凸起式井口（图1.8）；二是城市按地形地势分隔成地表面流的排水街区或路段，让雨水以最可能短的距离、最快的速度往低洼地散开。这样，既可防止大量雨水汇集，造成"城市看海"；也可防止最后汇集为洪流，大量雨水汇集入路网成为水（渠）网，造成水土流失和面源污染（伍业钢等，2018）。

同理，道路建设的路面应该比道路两边的绿化带高，雨水就会自然流向道路两

图 1.8　两类凸起式城市排水井口

边，路面不会积水，不会泥泞。许多道路设计，往往绿化带比路面高，一下雨绿化带的雨水和泥水流入道路路面，路面的雨水顺着道路往低处流，路面形成"水渠"，城市街道也会形成"水渠"网，这些城区也就自然"看海"了。因此，要解决这一问题，可以采取两种方式：一是要把道路两边降低下来，让雨水尽快从路面向两边排放；二是路两边的排水不要形成很长的连续排水沟，应该每隔几十米就有分散的排水口，避免雨水汇集的冲刷。对雨水进行管理的原则有三点：一是加大就地下渗；二是尽可能快地用"面流"的方式分散雨水；三是在有条件的情况下尽可能快地将雨水引入低洼的农田、水系、湿地。如果我们的城市建设者和城市设计师都注意到这些"雨水管理"的细节和常理，将大大减少"城市看海"的损失。但是，即使这些条件全部得到满足，还是不能完全解决"城市看海"的问题（王浩等，2019）。

1.3　流域尺度上的生态保护

我们现在理解了，在小区开发尺度上的生态保护，是解决雨水就地下渗、减少地表径流、减少面源污染等问题。在城市建设尺度上的生态保护，是解决城市雨水往低处流、城市建设安全标高、城市建设的空间格局、城市排水系统的科学性等问题。但是，站在更高的尺度上，还有一个流域尺度上的生态保护问题。

根据我们的研究，从流域尺度上考虑"城市看海"的问题首先需要关注流域里的河流比降，亦即河流水面比降，又称"水力坡度"。从理论上说河流水面比降受水流速、河床、水质等诸多因素的影响。但从实用的角度出发，我们要注意几个基本的数字：①比降小于万分之零点四，水面是一个静止的状态，这么小的坡度，由于水表张力的作用，形成死水。这层意思表明，从三峡大坝到重庆朝天门码头约 600 km 距离，如果三峡大坝的水位为145 m高程，即使没有水的流动，重庆的水位也会在169 m高程以上。②比降大于万分之零点四，小于万分之一，则会产生泥沙沉淀，堵塞河道，水体无法流动。③比降大于万分之一，小于千分之一，这是水体自净化能力最强的水流。河流为什么是弯弯曲曲的？为什么会有河漫滩？就是河流要自我实现这一动态稳定的坡降比，这是河流可持续的自然规律。④比降大于千分之一，水流顺畅，但自净化功能降低了，冲刷增加了，水资源也就快速流失了。比降大时，河流就会冲刷拐弯，加大长度，降低比降，直到达到平衡。洪水来时，水头压力加大，比降也会加大。水流尤其是洪水，受到大坝的阻挡，就会增加水头的压力，比降就会升高。即使只升高原来的千分之一，那么当三峡大坝处于145 m的水位时，重庆的水位也可能会达到195～205 m（重庆"看海"的水位）。这是从流域的尺度理解"城市看海"的一个最基本常识。

根据有关气象资料发现，近25年中国各城市的年平均降水量跟前25年并没有太大的差别（图1.9）。但是一次连续降水量能占据年平均降水量的30%～70%，甚至达到年平均降水量的120%。比如，河北省赞皇县历史上年均降水量568 mm，而2016年7月19日一次连续降水量高达721 mm，超过年均降水量26.9%。2020年梅雨期，降水强度大、时间长，有的突破历史极值（数据来源：国家气象科学数据中心）。据统计：2020年6月8日入梅以来，截至7月19日，武汉市梅雨期已历时42天，与1998年梅雨期时长持平，时长历史第二。共经历8轮强降水，累计降水量达到801.1～1 046.9 mm，局部地区超过1 100 mm，全市平均累计降水量883.1 mm，接近2016年历史同期平均累计降水量（923 mm），居历史同期第二位；其中江夏乌龙泉最大累计降水量为1 122 mm，最大24小时降水量472.3 mm，为历史极值。这意味着突发性和多发性的连续强降水是必须面对的现实。也就是说，未来"城市看海"的强度和频度都会突破人们的想象。

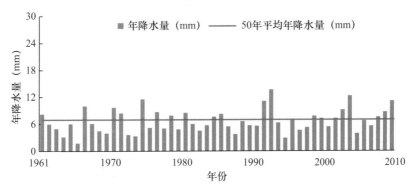

图1.9　内蒙古1961—2010年的年降水量

另一现实是，整个流域同时产生突发性和多发性连续强降水的可能性越来越大。这种高强度的连续降水和全流域的高强度降水是人们面对的前所未有的挑战。人们习惯了筑高坝来抵御"百年一遇""千年一遇"的洪水的防洪方式，通过河道取直、围湖造城等方式，千方百计把洪水给"束缚"起来。可是，这让人们面临作用力与反作用力的风险。这些风险有可能"千年一遇"，也可能明天就会降临。除此之外，还有大面积洪水被"束缚"无处可去而返回"原住地"的风险。总之，过去人们为防洪所做的一些努力，不但没有成效，反而得到了残酷的"回报"。

这里介绍一下我们在美国迈阿密大都市观察到的一个有趣现象。迈阿密这个城市是近 60 年来在海岸湿地上发展起来的。整座城市水网交错，看不到防洪堤坝，房屋临水而建，高出海平面不到 3 m（图 1.10）。这里的年降水量超过 1 800 mm，一次连续降水量（包括台风雨）可超过 300 mm，却无"城市看海"现象的发生，其中的原因值得探究。根据我们在卫星图片上的测量，这座大都市水面面积与陆地面积之比超过 20%。也就是说，如果一次 300 mm 的连续降水量倾泻到 100 km² 的汇水面积上（不考虑其他因素），300 mm 的雨水从 100 km² 汇集到 20 km² 的水面上，水面的水位

图 1.10 美国迈阿密大都市鸟瞰

会升高 5 倍即 1.5 m。这个案例虽然简单却提醒我们：在流域的水平上，水面面积的大小和多少关系重大。网络上有很多关于迈阿密 2050 年"城市看海"的预言，但预言的背景是全球气候变暖的问题，是全球尺度上"城市看海"的问题，不在本节讨论的范围之内。

在对于水面面积与陆地面积之比的研究中，我们还发现，田纳西州作为美国最早成立流域管理局的区域，其水面面积与陆地面积之比是 7%～11%；而中国许多省份的水面面积与陆地面积之比都在 1% 以下，这是国家在实施生态保护、生态修复和生态文明建设亟需关注的问题（王浩等，2019）。

这里引出一个问题，为什么"四城三山二水一分田"的武汉，即使还有 20% 的水面（图 1.11），却总还面临着"城市看海"的难题？从武汉历代水系的湖泊和湿地分布面积不断缩减，也从图 1.11 展示出的从唐宋时期到 21 世纪武汉湖泊湿地的变迁（蓝色为湖泊、湿地，白色为陆地），可以看出水系相连、城市空间的阻隔、长江堤坝等水系空间格局的变迁（方立娇，2011），更是造成今天武汉"城市看海"的重要原因。因此，在流域尺度上，如何恢复水系面积，包括湖泊面积、河流的漫滩面积、湿地面积、森林植被面积，这不仅对流域防洪、水资源保护、水质安全具有极大的挑战性，而且对于流域生态系统的健康和生物多样性保护都具有关系到国运的重大意义。

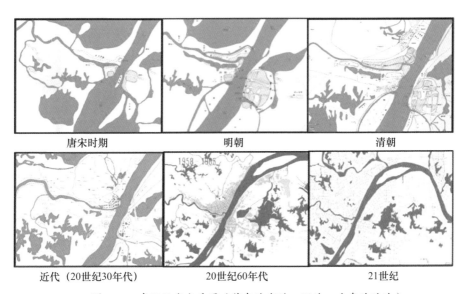

图 1.11　武汉历代水系图（蓝色为湖泊、湿地，白色为陆地）

2

生态关系与空间格局

景观生态系统和景观空间格局在不同的生态尺度，都具有不同的斑块镶嵌格局和生态廊道。按照景观生态学的术语，斑块是指某一种景观内部较为一致，具有一定空间面积和形状，有明显的边界的非线性区域；廊道是指相对于某一种野生动物生境景观而言的，链接两块生境斑块的最小安全生境过道；另外一个景观生态学的术语——基质是指景观元素，比如森林景观、植被景观、农田景观等。斑块、廊道、基质，三种元素构成景观生态系统的空间格局。景观格局指空间相互关系，是二维的、三维的，加上时间也可以是四维的。景观格局也是景观的空间生态关系。

关键词

景观格局、空间斑块、斑块动态、时空尺度、景观生态学、景观生态系统。

空间格局即是景观格局（Landscape Pattern）。它是空间斑块、斑块大小、斑块边界、斑块距离的生态关系。空间格局是景观生态学的三大重要概念之一——空间格局、时空尺度（Temporal and Spatial Scales）、斑块动态（Patch Dynamics）。景观生态学也称之为空间生态学、国土空间生态学、空间生态系统生态学，简言之：生态系统加上空间维度就是景观生态学。景观生态学是应用性很强的生态学学科，景观是特指有一定空间面积和边界的生态系统。空间大小构成不同的空间尺度，比如前面所述的社区尺度、城市尺度、流域尺度、全球尺度。从技术层面上讲，景观生态学研究要求参照该空间生态系统的历史和发展的变化，这就是空间动态（斑块动态）。而这种空间动态在不同空间尺度上也相对应于不同时间尺度（比如，湿地景观斑块动态可能是以年来表示的，而流域植被景观斑块动态可能是以世纪来表示），空间尺度和时间尺度的统一，统称为时空尺度（Wu et al.，2020；Zhao et al.，2016）。

2.1　景观生态系统

生态系统是一种整体性、系统性的概念。在实际应用中景观生态系统（Landscape Ecosystem），或者国土生态系统，就是把生态系统跟空间维度联系起来。或者说，有了景观，生态系统就有了载体或基底。某一个空间单元的生态系统，统称某一景观生态系统。比如天津市蓟州区的景观生态系统（国土生态系统），就有具体的空间实体、研究目标和研究范围。蓟州区景观生态系统可以细分为森林生态系统、草地生态系统、水流域生态系统、农田生态系统、城市生态系统等。我们说消化系统是以功能为分类，当我们说肠胃系统，就是具体的实体，这一肠胃系统可以再分为胃系统、肠系统，肠系统又可进一步分为大肠系统、小肠系统等。同理，景观生态系统可以包含森林生态系统、植被生态系统、国土生态系统。景观生态系统的引入，对国土空间生态保护、国土生态系统研究有了可实施空间（景观空间、国土空间）的意义。由此，我们引入景观生态系统最重要的空间尺度概念（图 2.1）。

国土空间生态系统要求生态系统问题识别诊断，应该也是空间生态过程的研究。但是，诊断也许用得太武断，能诊断是很高水平的识别了，也许人类还达不到这个程度，用生态系统问题识别就很好。可以说，景观生态系统问题识别需要明确：一是生态系统内部的生态关系；二是生态系统是连续的，而划分为不同生态系统是人为的；三是生态系统与生态系统之间也存在生态关系，既相互联系又相互作用，形成不同的景观生态系统特征。比如，每个人的消化系统、血液系统、神经系统、表皮系统，系统内和系统间的相互作用的差异形成每个人的特性。理解这三点，就理解了景观生态

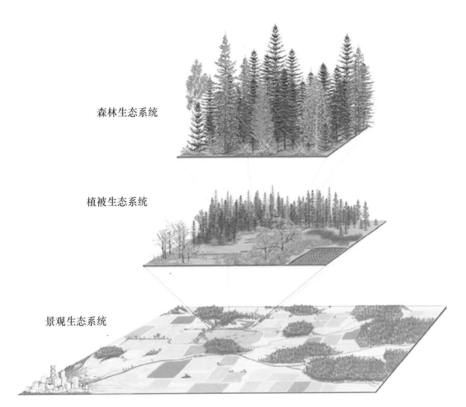

图 2.1　景观生态系统的生态尺度概念

系统。比如，美国佛罗理达州的艾维格莱湿地景观生态系统中的莎草景观生态系统和沼泽景观生态系统的镶嵌融合的空间格局关系，是水动力、泥沼、莎草长期相互作用的结果（图 2.2）。国土空间生态系统问题识别，就是要研究国土生态系统的景观空间格局，以及这些空间格局形成的机制和生态关系（伍业钢，2016）。

图 2.2　美国佛罗里达州的艾维格莱湿地景观生态系统鸟瞰

国土空间生态系统的生态保护要求划分生态保护单元，应该指的是景观空间单元，称之为景观生态系统保护单元；或者说，景观生态系统保护最小面积，小于这个面积，景观生态系统就不可持续了。在国土空间尺度上，景观生态系统可持续性对应的保护单元也可以是具有代表性的自然景观生态系统。比如，重要的栖息地、遗迹遗址、重要公园、水源地等，可划分为景观生态系统保护单元；还可以更进一步划分项目类型或景观生态系统类型。这样在实际操作中，就应该把握好不同景观生态系统的尺度问题。

景观生态学（Landscape Ecology）研究生态系统在空间的镶嵌格局（Mosaic Pattern）和斑块动态（Patch Dynamics）。景观在构成上是多样的，在空间上是异质的。景观生态学的一般定义是在多个生态尺度和组织层面上研究和改进景观空间格局与景观生态过程之间关系的科学和艺术。景观生态学不仅是一个研究领域，而且代表了与一系列生态、地球物理和社会科学相关的新科学观点或范式。因为景观被定义为"地理上、功能上和历史上相互关联的生态系统的空间复合体"，因此，景观生态系统（Landscape Ecosystem）即是眼睛可以在单一视图中理解的土地或领土的一部分，包括它所包含的所有对象，并由生态群落及其环境形成的系统，其空间构成景观的一个单位或单元。

景观生态系统具有生态尺度的性质，即在不同生态尺度上，景观生态系统的斑块动态、生态廊道（Eco-Corridor）和镶嵌格局的生态关系不同。斑块的概念是基于对景观生态系统空间异质性的表述，即在同一生态尺度上，景观生态系统包含多种且分布不均匀的生物、资源和生境生态子系统，表现为在时间和空间尺度上的异质性，而这种异质性在其生态关系上是镶嵌的和动态的。对其研究，也称之为景观格局研究或景观空间格局研究。比如，图2.3显示了美国佛罗里达州的艾维格莱湿地景观

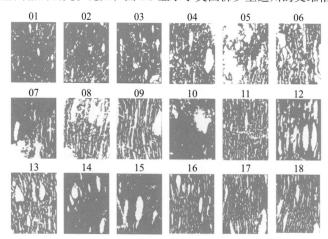

图 2.3　美国佛罗里达州的艾维格莱湿地景观生态
系统中的 18 种空间格局
（黄色斑块是树岛景观生态系统，绿色斑块是莎草
景观生态系统，4 km×6 km）

生态系统中树岛景观生态系统和莎草景观生态系统的 18 种空间格局，其代表了景观空间格局的相互作用与演化的结果（Wu et al., 2006）。景观格局也即是景观空间的生态关系。比如，相对于高个、矮个、胖人、瘦人，是景观生态系统空间格局和空间生态关系的概念；而相对于男人、女人、白人、黑人，是生态系统生态关系的概念。景观生态系统和景观格局定义的特定对象、场景、语意，对于景观、土地、国土空间规划和管理，地貌、水文和气候条件的测绘，以及对于了解景观的生态模式至关重要。

生态廊道的第一个含义也可以认为是景观格局的一种线性斑块。它是景观空间格局生态关系中重要的功能组成部分，它在保护自然景观生态系统之间相互作用的完整性上具有关键的意义。生态廊道还是保护生物多样性和生态系统正常运作的基本要素。如果没有它们的边界性、缓冲性、过渡性和连通性，大量物种将无法进入其生命周期（繁殖、生长、发育等）所需的栖息地和资源。生态廊道的第二个含义是生态走廊。比如，尽管高速公路几乎是不可渗透的障碍物，但它必须允许动植物在高速公路两边的两个区域之间循环和交流。这就是为什么需要人行天桥，或被称为野生动物走廊，也称为廊桥。生态廊道是保护生物多样性和生态系统正常运作的基本要素。在湿地设计中，生态廊道可能是凸出的，比周围的矩阵高，就像麦田之间的防护林；或是凹形，低于周围的植被，例如两个湿地之间的草带和地下水管，以保持生物、资源、水的交流和连通。在许多不同类型的生态廊道设计中都可以找到线形或条形结构。

2.2　景观空间格局修复的生态关系

自然景观空间格局是自然生态系统功能和结构的体现和保障。景观空间格局修复就是按自然的河流结构、河漫滩、河流弯曲度、河床比降、河宽、河岸植被、水系湿地、池塘、湖泊、自然流量、自然水动力等来修复景观，景观空间格局修复是生态修复成功的关键。

比如，为了避免洪水泛滥并最大限度地保护水资源，规划将可能的大型洪灾区变成天然湿地和湖泊，而不是拉直河道和修建防洪堤。如在武汉府河绿楔生态规划中，水生态系统修复和保护的空间格局总体规划就是遵循这样一种效法自然景观空间格局的设计理念、技术和原则来实施的。遵循项目地的地形地势、原生态本底条件、野生动物生境要求、本地植物种群、流域最大洪水量、水资源保护、水质、水动力等自然空间格局，打造湿地、岛屿、浅水区、深水区、坑塘、湖泊水系系统。并以水动力为基础，以地表Ⅲ类水水质为目标，实现水生态系统修复和保护。具体设计理念、技术和原则包括：以深湖沉淀上游来水，通过保持最大水面积、水系连通等措施进行综合治理。这样，不但提高府河与长江防洪防涝防旱水准，而且也保证了府河优质水进入长江（图 2.4、表 2.1）。

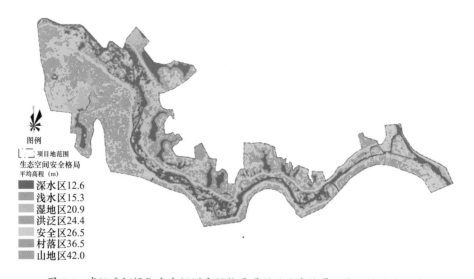

图 2.4　武汉府河绿楔生态规划空间格局遵循效法自然景观空间格局的设计

表 2.1　武汉府河绿楔生态规划空间格局设计

用地	平均高程（m）	面积（hm²）	占比
深水区	12.6	1 510	15.8%
浅水区	15.3	1 326	13.9%
湿地区	20.9	1 107	11.6%
洪泛区	24.4	1 846	19.3%
安全区	26.5	3 307	34.7%
村落区	36.5	172	1.8%
山地区	42	272	2.9%
总计	—	9 540	100%

对于恢复水系生态系统和自然景观空间格局的湿地设计，使用了间隙（Lacunarity）空间格局指数（Wu et al.，2005）来模拟自然景观空间格局。比如，利用图 2.3 中 18 种不同湿地景观树岛与莎草镶嵌格局，通过式 2-1 计算其不同的间隙空间格局指数，以及了解不同的间隙空间格局指数所代表不同湿地景观的树岛与莎草镶嵌格局。可以按间隙空间格局指数所代表的自然湿地景观格局打造湿地空间格局，达

到模拟自然湿地景观格局的目的。

$$\lambda(r) = \sum S^2 Q(S,r) / \left[\sum SQ(S,r) \right]^2 \qquad (2\text{-}1)$$

式中，$\lambda(r)$ 为间隙空间格局指数（也称为"景观破碎指数"或"景观空洞指数"）（r＝2，4，16，…）为横跨景观的景观滑行框的大小（滑行框含景观总像元数多少：2，4，16，…）；S 为滑行框内给定景观类型的像元数；$Q(S,r)$ 为在景观滑行框中给定景观类型的对应发生频率。

由于天然湿地的间隙空间格局指数 $\lambda(r)$，在 1.75 ～ 4.85 之间变化（Wu et al., 2005），因此，在青岛胶州湾的沿海湿地格局设计中使用了这些间隙空间格局指数 $\lambda(r)$（图 2.5）。图 2.5a 为胶州湾海湾湿地种群模拟天然湿地空间格局设计图，图 2.5b 展示了模拟天然湿地景观空间格局的设计示意图。

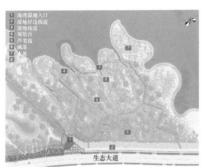

(a) 格局设计　　　　　　　　　　(b) 设计示意

图 2.5　胶州湾海湾湿地种群模拟天然湿地空间设计

应用天然湿地的间隙空间格局指数，使景观的自然空间可量化、可对比、可复制和可设计，它也可作为模仿不同时空尺度下自然景观的空间格局的指标。该指数可以帮助理解为什么该设计必须效法自然景观空间格局，以及如何效法自然景观空间格局进行设计，即如何通过生态修复和生态工程恢复景观的自然空间格局。

景观空间格局生态修复最大的挑战之一是修复水质和湿地自净化系统的空间格局。这需要修复水系生态系统的功能和结构，以及与修复景观的自然空间格局结合，考虑自来水的水质、水量、水源以及水动力，还有不同水质和水动力对水系生态系统的景观空间格局的影响。比如，我们在设计北京房山区琉璃河湿地时，充分考虑了每天 22 000 t 水质一级 A 标准的尾水。我们的湿地研究经验显示，来水水质劣于 V 类水时，大多数湿地植被将无法生存。如何将每天 22 000 t 水质一级 A 标准的尾水净化为优于 V 类水水质，再进入湿地植被区，是景观空间格局生态修复的关键（Chou et al., 2018）。因此，我们采用水质模型（式 2-2 ～式 2-4）模拟不同的景观空间格局的水质（即 TP——总磷，TN——总氮和 COD——化学需氧量）；对比不同的景观空间格局（包括植被景观、水景观、岛屿等）的 TP、TN 和 COD 浓度（mg / L）的差异和优劣，成功地确定和选择了蜂巢型（大小不一的 1m 深坑塘系统）空间格局，配合自然水动力重新建立起新的水系生态系统和湿地生态功能和结构，从而实现了Ⅲ类水水质和湿地自净化生态系统（伍业钢等，2018）。

$$\frac{\partial C}{\partial t} = -k \cdot C \tag{2-2}$$

然后整合为：

$$\ln C_t = -k \cdot t + \ln C_0 \tag{2-3}$$

成为：

$$C_t = C_0 \cdot e^{-kt} \tag{2-4}$$

式中，C_0 为某污染物的初始浓度（mg/L）；C_t 为 t 时刻某污染物的浓度（mg/L）；k 为污染物降解系数（d^{-1}）；t 为反应时间（d）。

图 2.6 显示，北京琉璃河湿地是线性河流湿地，来自两个污水处理厂的污水处理量为 22 000 m^3/d。根据输入的水质（COD> 60 mg/L，TP > 1.5 mg/L，TN > 15 mg/L），我们使用水质模型格局中不同入口、出口的水质和水动力数据，并通过我们的水质模型（式 2-2 ~式 2-4），模拟了北京琉璃河湿地不同景观空间格局区的 5 个不同天然景观空间格局区（不同区间隙空间格局指数不同），来预测不同湿地景观空间格局区内的不同 COD、TP、TN 消减率（%）。结果表明，在不同的景观空间格局区内，COD、TP、TN 分别可降低 87.1%、83.0%、83.9%（图 2.6、表 2.2）。

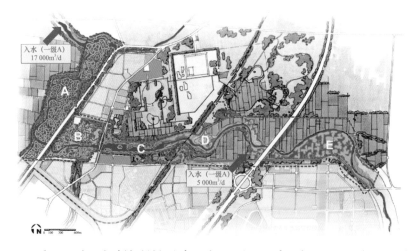

图 2.6　使用水质模型模拟北京琉璃河湿地不同景观空间格局区（A~E 区）

表 2.2　北京琉璃河湿地不同景观空间格局区［不同的间隙空间格局指数 $\lambda(r)$］内 COD、TP、TN 的不同消减率

水质分区	占地面积 hm²	平均水深（m）	空间格局 $\lambda(r)$ 指数	COD 消减	TP 消减	TN 消减
A 坑塘区	90.6	1.2	1.3	26.5%	26.7%	27.9%
B 湿地区	58.0	2.2	1.8	16.3%	16.8%	14.2%
C 湿地区	22.0	2.6	2.3	23.5%	26.2%	23.7%
D 水面区	40.0	2.8	2.8	14.3%	10.6%	14.2%
E 水面区	55.0	3.2	3.3	6.5%	2.7%	3.9%
合计	265.6	—	—	87.1%	83.0%	83.9%

2.3　国土空间生态系统的生态关系

作为空间格局规划设计的探讨，我们进一步引申来讨论全国正在推动的国土空间规划。从流域的空间尺度的基本命题和思路出发，推进国土空间规划无疑是正确的。国土空间规划强调流域生态系统的"山、水、林、田、湖、草"的实体也是正确的。但是，我们不能忽略"山、水、林、田、湖、草"的相互关系，尤其是其空间相互关系，不能忽略"山、水、林、田、湖、草"作为生态系统的结构、功能和其为生态系统服务的能力，不能忽略"山、水、林、田、湖、草"与城市扩张和经济发展的空间相互关系（图 2.7）。这些空间相互关系对国土空间规划的重要意义值得我们关

图 2.7　四川省眉山市岷江北湖湿地"山、水、林、田、湖、草"空间规划格局

注。因此，国土空间生态保护必须建立在严格的、科学的和具有法律效应的研究基础上，以保证国土空间规划的实用性、前瞻性、科学性。在不同生态学尺度上，科学地处理好各种空间关系，使我们的城市不再受"城市看海"和"城市洪水"问题的困扰（王浩等，2019）。

应当指出，国土空间规划是国家空间发展的指南，是可持续发展的空间蓝图，也是各类开发保护建设活动的基本依据。应该建立国土空间规划体系并监督实施，将主体功能区规划、土地利用规划、城乡规划等空间规划融合为统一的国土空间规划，实现"多规合一"，强化国土空间规划对各专项规划的指导和约束作用。因此，国土空间规划是一个法定规划。国土空间规划既然是法定规划，那么，它的生态学的空间尺度应该是在具有人民代表大会审议权的县级单位。从时间尺度上，国土空间规划是一个长期的规划，应该实行5年一审议，10年一修正，30年一大修正。

编制国土空间规划是调节国土使用的过程，目的是促进更理想的社会和环境效果，更有效地利用资源。一定比例的土地被保留用于未来的开发，这有助于平衡所有的土地利用，并避免某一种土地的过多利用。国土空间规划的目标包括环境资源保护、限制城市扩张、运输成本最小化、防止土地使用冲突以及减少污染等。总体而言，土地用途决定了特定区域内发生的各种社会经济活动，以及人类行为方式及其对环境的影响。

编制国土空间规划，对于土地使用的合理性、科学性、可持续性以及控制各种土地利用的增长至关重要。首先，国土空间规划为"多规合一"，它需要不同的规划专业人才的融合，包括城乡规划、城市规划、生态规划、环境规划、水资源规划、能源规划、固废管理规划、经济发展规划、"山、水、林、田、湖、草"规划、流域规划、植被规划、湿地规划、生态修复规划、农业规划、养殖业规划、产业规划、红黄蓝线规划、防洪规划、空间规划、土壤规划、自然保护区规划、交通规划、土地利用规划、国土管理规划、经济发展规划、社会发展规划、文化规划、人口增长规划、国土资源保护规划、国土安全规划、战略发展规划、"智慧增长"与可持续发展规划、应对自然灾害及气候变化的规划等，并进行生态效益、经济效益、社会效益分析。其次，国土空间规划强调专业合作，需要对国土的各种土地类型、利用类型、城市发展限制、产业发展模式、自然资源保护和利用、环境的挑战、生态系统的空间格局、经济发展的可持续性、社会发展因素等不同类别熟悉的专业人才的通力合作。最后，国土空间规划是一项严肃的科学研究、一项重大的应用科学成果，它所包含的学科是全面的，包括土壤学、地理学、生态学、环境科学、农学、能源学、政治学、植物学、动物学、水文学、经济学、气象学、管理学等，还包括地理信息系统（GIS）、遥感、

航拍图片、模拟模型分析、云计算大数据、图形分析、决策模型等分析技术和工具
（伍业钢等，2018）。

　　国土空间规划被视为区域可持续发展的重要基础研究。它综合了对土地、环境、
产业、资源、经济、社会、文化、政治的系统分析，提出未来可持续发展的技术和管
理路线。以及应对各种风险及变化的应对和决策，以便有序地、有法律依据地、可持
续地利用区域内的土地，以确保在土地利用或土地开发过程中有效地保护好环境和自
然资源。根据联合国人居大会的建议（Chou et al., 2018），土地被认为对人类生活的
发展具有高度的重要性，因为土地是人类赖以生存和发展的基础，这是国家政策的最
重要目标之一。为了保证这一点，国土空间规划就变得尤为重要。从广义上讲，国土
空间规划是一种工具，政府可通过国土空间规划定义区域内土地的使用类型。不仅如
此，一个城市的国土空间规划还要确定其使用指南（解释权），以确保其有效性和可
持续性。国土空间规划为区域发展提供一个愿景，同时必须考虑到土地的局限性，即
必须遵循一个有序的发展空间（图2.8）。国土空间规划也将促进区域内国土开发的秩
序和经济生态分区，以支持并强化自然资源和生物多样性的保护、使用和可持续利
用。因此，国土空间规划的目标也是为子孙后代更好地保护好赖以生存的环境和自然
资源。

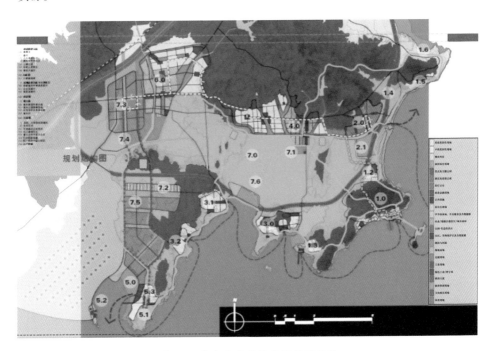

图 2.8　青岛市琅琊区空间规划结构

2.4 国土空间规划和国土空间生态修复的生态学原则

2020 年 11 月 24 日，中华人民共和国自然资源部出台《关于做好近期国土空间规划有关工作的通知》，对近期国土空间规划工作特别是规划实施提了若干要求。2021年中华人民共和国自然资源部又出台了《国土空间生态保护修复工程实施方案编制规程》（征求意见稿）。国土空间规划和国土空间生态修复实施都是非常有远见的国家战略。为了达到预期的国土空间规划和生态修复的目标，以及提供一个具有生态学意义的技术方法，我们想从国土空间规划和生态保护修复的生态尺度、生态系统、生态关系、生态多样性和生态可持续性 5 个生态学原则提出一些具体的阐述。

2.4.1 国土空间规划和生态保护修复的生态尺度

（1）空间尺度：国土空间规划和生态保护修复是在法定的县级区域实施的。但是，水系规划和生态修复是必须考虑流域的尺度的影响；而且，作为候鸟生境的湿地，也应该考虑在更大尺度的影响。即国土空间规划和生态保护修复必须具有多维度、跨尺度的考量，必须受上一级（省级）国土空间规划的控制和限制。

（2）时间尺度：国土空间规划是国土空间发展规划，对区域内国土空间的历史演化和未来的动态发展，应该有一个科学的认识、研究、模拟、和高瞻远瞩的科学预测。同时，国土空间规划应该把握好空间动态的时间尺度，比如：季节变化、年度变化、十年为尺度的变化、前 30 年和后 30 年的变化、百年变化等。

（3）不同尺度的等级关系：不同时空尺度是个等级关系（Hierarchy），山水林田湖草同属于更高等级的流域尺度。如果不能从流域尺度来规划山水林田湖草的空间格局，很难确定山水林田湖草的空间关系、边界、过渡带，很难保证国土空间的多样性。另外，作为规划中的"森林"包含有低一等级的群落，好的国土空间规划和生态修复，必须研究这一群落等级的生态关系和空间格局。

（4）不同时空尺度交错：国土空间规划需要确定未来城市拓展的空间和限制线，这就需要对城市历史的变迁、人口的增长、经济的发展有一个不同时空尺度的研究。并且，还应该关注更高尺度的省甚至国家的动态发展。这种动态发展具有时空的交错复杂性。

2.4.2 国土空间规划和生态修复中的生态系统理念

（1）生态系统的整体性：确保生态系统的整体性是国土空间规划成功的关键。其首要目的就是要准确地区划各种生态系统的边界线。比如，国土空间规划中应该把河床及河岸植被、湿地作为一个完整的生态系统来规划，而不是分隔开来。

（2）生态系统的关联性：国土空间规划和生态修复应该考虑生态系统内部的关联性和生态系统与生态系统外部的关联性。比如城市生态系统内部的社区、道路、城市公园、商业、产业、人口等诸多因素的关联关系。还有城市空间拓展与外部山水林田湖草、地形地势、防洪安全、地质灾害、全球气候变化的极端天气的因素的关联性。

（3）生态系统的系统性：理解生态系统的系统性是确立国土空间规划和生态修复目标的科学依据。比如，水生态修复不应该仅以消灭黑臭水体为目标，应该以恢复水生生态系统为宗旨，全面恢复水生态系统的自净化功能、生物多样性、食物链、底栖生态系统、水动力、湿地、水岸植被系统。

（4）生态系统的可塑性（弹性）：生态系统在其承载力范围内，对其利用和干扰有自我恢复的能力，这就是生态系统的可塑性。理解生态系统的承载力和可塑性对于充分利用生态系统、对于合理的国土空间规划、对于生态修复至关重要。比如，湿地和水面的面积和空间格局对一个区域水资源的保护、水质、防洪、防旱、补充地下水、生物多样性、景观多样性、微气候的重要意义及科学依据。

（5）生态系统的可持续性：生态系统的可持续性是国土空间规划和生态修复的最终目标。生态系统的可持续性最需要关注的是生态系统的承载力，以及生态系统的自然属性（即生态系统的自我更新和自我修复能力），减少外部投入和外部干扰。比如，我们需要研究，山水林田湖草空间格局的可持续性、产业可持续性、城市发展可持续性、农业可持续性等。

（6）生态系统服务价值的多元性：生态系统服务价值是高效益的、综合的、多元的。比如，森林不仅是"碳汇林"，即森林生态系统服务价值不仅是碳汇，森林生态系统服务价值还包括水涵养、水土保持、生物多样性、微气候调节、景观美感等。遵从森林生态系统服务价值的多元性原则、森林生态系统的空间规划和生态修复，就应该重视森林生态系统的空间结构和功能服从于生态系统服务价值的多元性。

2.4.3　国土空间规划和生态修复主要的生态关系

（1）生态效益、经济效益、社会效益的相互关系。

（2）产城关系（"一二三产"关系）、城市发展与基本农田保护的关系、社会发展与人口增长的关系。

（3）农业（农林牧副渔）、农民、农田的相互关系，以及传统农业与农业4.0（农业现代化）的关系。

（4）山水林田湖草的空间格局关系及生态关系。

（5）地形地势、地理位置、交通优势、环境质量、宜居条件与区域发展的关系。

（6）独特文化、独特资源、唯一优势、创新潜力与区域发展的关系。

（7）上下级行政区域国土空间规划的控制条件与隶属关系。

（8）不同空间尺度和生态系统尺度之间的生态关系。

（9）自然资源本底（水资源、森林资源、气候资源等）与区域发展的关系。

（10）全球气候变暖、"碳中和"以及国家发展战略和政策（比如环保政策、能源政策）与区域发展的关系。

2.4.4 保护好国土空间生态多样性

（1）重点保护一个区域内独特的景观、唯一的景观：比如森林中的草地（坝上草原）、湿地中的树岛、湖泊中的岛屿，还有城市湿地、城市森林。

（2）立法保护水岸林等线性景观、保护不同景观的过渡带［生态过渡带（Ecotone）］：比如潮间带、水位落差带、湿地。

（3）防止人为造成景观破碎化，保护野生动物生境的完整性：比如道路的规划、城市的扩张、旅游设施的建设。

（4）保护国土空间格局的多样性：国土空间多样性是气候、土壤、水文、地形地势、动植物种群长期相互作用的结果。因此，国土空间规划和生态修复也必须注重对区域内历史的、现时的、未来的气候、土壤、水文、地形地势、动植物种群的动态研究，实现保护保护国土空间格局的多样性之目标。

2.4.5 国土空间规划和生态修复的生态可持续性原则

（1）山水林田湖草空间格局的可持续性：科学区划好山水林田湖草的边界，保证山水林田湖草生态系统的完整性和关联性，特别注重山水林田湖草的水文和土壤的性质和特征，维护山水林田湖草空间的自然形态和空间格局多样性。

（2）产业可持续性、经济增长可持续性、社会发展可持续性、城市发展可持续性：必须把产业规划、经济发展规划、社会发展规划、城市发展规划作为国土空间规划的基础和依据。

（3）农业可持续性、农田可持续性、农村发展可持续性：美丽乡村建设、振兴乡村、保护基本农田、推动农业4.0、弘扬乡土文化、恢复乡村慢生活和宜居环境、促进乡村生态基础设施建设是国土空间规划和生态修复的重要组成成分。

（4）景观空间格局可持续性：景观空间格局可持续性是建立在景观空间格局的自

然属性，即自然的是可持续的。比如湿地景观空间格局、农田景观空间格局、村庄空间格局、城市空间格局都遵循一定的景观空间格局规律（水文、地形地势、交通、气候等），理解这些规律，就可实现国土空间规划和生态修复的景观空间格局可持续性。

（5）自然资源可持续性：国土空间规划和生态修复中对自然资源的识别、规划、保护、修复极为重要。自然资源是指可更新的、可持续的、可塑性的资源，是区域内长期自然演化的、没有被污染和破坏的生态系统，具有极高的生态系统服务价值，是区域内大自然赐予的宝贵财富。比如自然林、自然湿地、自然湖泊等。

（6）流域生态系统可持续性：国土空间规划和生态修复中的水系是包含在大大小小的流域中的。水系生态修复本质上应该是流域生态修复。而国土空间规划最重要的一环，就是要区划好大大小小的流域，以及大小流域的边界线、范围、面积、水文特征、植被生态系统、景观空间格局等。重要的是，生态保护是以流域为空间单元的。

（7）绿水青山可持续性：效法自然的生态修复、保护和维护绿水青山的自然属性和生态系统整体性，是绿水青山可持续性的重要保证，也是国土空间规划和生态修复成功的保证。绿水青山就是金山银山，绿水青山可持续性也是经济发展的可持续性、社会发展的可持续性、生态城市发展的可持续性，以及国土空间规划和生态修复所追求的目标，即成功的标志。

2.5　国家公园规划和建立的生态关系

国家公园是国土空间保护的一种重要形式。国家公园的概念起源于美国，已有近150年的历史。1872年美国政府颁布《黄石国家公园法》，并建立了世界上第一个国家公园（图2.9）。国家公园所秉持的理念是"后代人的权利远比当代人的欲望更重要"。美国联邦政府成立国家公园服务管理局，隶属于美国联邦政府内政部。国家公园管理局局长由总统直接任命，不受地方政府的约束，具体的预算、管理、雇佣由美国联邦政府内政部直接领导。

中国将生态城市建设、生态文明建设、生态系统恢复及生态保护作为国家战略（王浩等，2019），承诺建立国家自然保护区和国家森林公园，恢复森林生态系统，并将全国的森林覆盖率从20世纪末的8%提高到2019年的22.6%，极大地保护了大自然最重要的森林生态系统。到2019年全国各级各类自然保护区数量达2 750处，而国家公园试点区只有10处（国家林业和草原局政府网，2019）。从生态保护的视角，如何理解国家自然保护区和国家公园的区别呢？最直接的区别在于两者的保护目标：建立国家自然保护区的目标是为了保护特定的物种（如东北虎）、生物多样性（如热带

图 2.9 美国设立的第一个国家公园"黄石国家公园"的著名景点"忠诚泉"

雨林）、独特景观（如大峡谷）、景观多样性（如丹霞地貌）、重要资源（如三江源），以及保护生态系统的生态可持续性，这种保护是"绝对的"、永久的、长远的、为了子孙后代的。国家自然保护区应该禁止旅游、娱乐及对公众开放，即使是在管理和科学研究中，也应该最大限度地减少对保护区的干扰（比如车辆和道路）。而国家公园建立的保护目标可以与国家自然保护区类似；但是，国家公园的保护目标是一个或多个生态系统的综合，它强调被保护的生态系统的完整性和生态系统服务的可持续性；国家公园具有对公众的开放性和服务性，以及包含对生态系统科学研究的关注和重视。

自从 2017 年中国提出国家公园体制，全国已经开展了三江源（图 2.10）、东北虎豹、大熊猫、祁连山、海南热带雨林、神农架、武夷山、钱江源、南山、普达措 10 个国家公园试点，总面积达 23 万 km²，涉及吉林、黑龙江、浙江、福建、湖北、湖南、海南、四川、云南、陕西、甘肃、青海 12 个省份。国家应该加快国家公园立法进程，编制国家公园空间布局方案和发展规划，建立完善的国家公园标准规范体系；加快推进国家公园总体规划、专项规划编制报批；组织开展国家公园体制试点的第三方评估，并研究在保护生态环境的基础上，发挥国家公园科研、教育、游憩、社区发展等功能的效益分析，以及空间规划、保护规划、旅游规划、综合规划等。

图 2.10 三江源国家公园：高原草甸湿地及雪山

2.5.1 国家公园的空间规划

国家公园的空间规划应该为国家公园的边界、范围、面积、空间格局、保护目标的确定提供相关信息和科学依据。国家公园的空间规划应包含以下 6 个方面的生态关系。

（1）国家公园的定位。国家公园是国家（中央政府）所有、国家出资、国家管理，地方受益、民众享用的公园系统。国家公园应该由中央政府和全国人民代表大会立法成立的"国家公园管理局"统一管理，平行于国家林业和草原局统一管理和服务，因为"国家公园管理局"和"国家林业和草原局"两者功能不从属。国家公园管理权、所有权归中央政府，表达了国家公园的全民所有属性，以及对国家公园保护的权威性和对子孙后代承诺的庄严性。

（2）国家公园具有三大功能：保护、研究、服务，与三大功能相对应，国家公园管理局设保护处、研究处、服务处三个部门。每一个国家公园的机构设立也应突显三大职能。国家公园的保护功能是由国家公园物种多样性、生物多样性、生境多样性、空间格局多样性、保护的重要性，以及其唯一性、濒危性、脆弱性、不可复制性、资源性、历史性、艺术性、美学性等多重性质所决定的。而对国家公园的保护，要求对所保护的对象有一个完整的、系统的科学研究。研究的目标也自然是如何保护好国家公园，实现可持续地为公众服务。可见，可持续地为公众服务不仅是国家公园研究的目标，也是国家公园建立、保护和管理的目标。

国家公园的研究之所以非常重要和必要，是因为国家公园的景观格局、斑块动态、动植物种群变化、群落演替、生态系统服务和生物多样性的演变都是最好的研究对象和基地。它对于研究自然生态系统的时空动态、形成、演变，以及应对环境变化的反应和决策，具有不可替代的作用。因此，许多国家公园都会成立最顶尖的生态系统研究所和定位站（图 2.11）。

图 2.11　1979 年建立的中国最早的生态系统定位站

国家公园管理局的服务是由国家公园的属性所决定的。国家公园属于全民的财产，属于国家的财富，属于子孙万代的资产。

（3）国家公园受法律保护。国家公园由中央政府和全国人民代表大会立法，由中央政府统一管理国家公园、国家自然保护区、国家历史文化遗产保护区、国家自然景观景区。国家公园土地所有权属于中央政府和全国人民代表大会，每寸土地都受到法律保护。

（4）国家公园要科学设置，注重科学研究。要确定和科学划定国家公园的自然边界、范围、面积、连续性，并提出坚实的科学依据。国家公园规划除了以国家法律法规为准则外，还应该以研究成果为科学依据。科学研究包括国家公园的地形地势条件、气候条件、地貌条件、森林生态系统条件、流域生态系统条件、土壤条件等，以及它们的边界条件、面积、空间格局、连续性，及可持续性的自然边界、范围、面积等。

（5）国家公园要有科学具体的可检验的保护目标，比如森林生态系统保护、水资源和流域生态系统保护、生态安全屏障、生物多样性保护、濒危物种保护、野生动植物种保护、珍贵种群保护、森林群落结构保护、民族文化遗产保护、地质土壤保护、空间格局保护等，以及国家公园保护目标的空间边界、面积、格局、连续性与自然边界、面积、格局、连续性的关系，同时注重研究恢复这些空间边界、面积、格局、连续性的可能性和科学性。

（6）国家公园要适应经济社会发展和人们对美好生活向往的需要，要研究国家公园自然边界范围内，社会发展、经济发展、城镇和乡村发展，以及与未来国家公园的关系。应该明确划定国家公园的边界、范围、面积、连续性所存在的问题和障碍。对于破碎的景观格局，哪些应该恢复，哪些应该修复，哪些应该连接，并回答为什么分析其代价及效益等。从而，综合确定国家公园的边界、范围、面积、连续性，并提出翔实的科学依据，申请上报中央政府及全国人民代表大会批准。

2.5.2 国家公园的保护规划

国家公园的保护规划应该为未来"国家公园"保护、研究、服务任务提供科学的决策信息，以及解决问题的方法和工具。

（1）保护管理：明确一切权利归中央政府和全国人民代表大会，否则，"国家公园"的设立就形如虚设。"国家公园"设立的首要目标，就是为了把最宝贵的自然资源和独特的生态系统保留给人类未来的子孙，也是为了在保护生态系统的生物多样性、景观多样性、生态过程的同时，为公众提供更多的生态系统服务和自然美学艺术娱乐服务。因此，"国家公园"保护的第一要素就是要保护国家公园的边界、范围、面积、连续性；保护的第二要素就是要致力于森林生态系统保护、水质和水资源保护、流域生态系统保护、生态安全屏障保护、生物多样性保护、濒危物种保护、野生动植物种保护、珍贵种群保护、森林群落结构保护、文化遗产保护、地质土壤保护、空间格局保护等。

（2）研究管理：一是国家公园的生态学、生物学、自然资源保护学、景观生态学、生态系统学、水资源学、流域生态学、林学、野生动物学等基础学科的研究；二是要研究如何实现上述森林生态系统保护、水质和水资源保护、流域生态系统保护、生态安全屏障保护、生物多样性保护、濒危物种保护、野生动物植物种保护、珍贵种群保护、森林群落结构保护、文化遗产保护、地质土壤保护、空间格局保护等，提出具体科学保护措施。

（3）服务管理：包括旅游基础设施建设、生态公路建设（防止保护区的破碎化及野生动物通道被切断等）、游客中心、收费站、生态停车场、科普教育基地、景点建设、安全救援、娱乐设施等。另外，国家公园管理局应该积极配合地方政府在国家公园周边建立的各种旅游设施、特色小镇、道路、酒店、餐饮等服务设施，并将其纳入国家公园保护和服务的综合规划管理之中。比如，美国田纳西州盖岭堡小镇（Gatlinburg）是美国"大烟山国家公园"入口的小镇，被誉为"美国新婚夫妇蜜月第三首选地"（图 2.12）。

图 2.12　美国田纳西州盖岭堡小镇（Gatlinburg）

2.5.3　国家公园规划的效益分析

国家公园规划应该阐明如何将公园的生态效益、社会效益、经济效益最优化，提供确保生态可持续性即确保自然资源不受损害地保留给子孙后代的战略。国家公园规划的效益分析包括以下几个方面：

（1）生态效益：生态当量分析、生态系统服务分析、生态系统修复目标分析、可持续性分析、景观生态系统模拟分析（预测未来50年生态系统动态）等。

（2）社会效益：地方受益，周边生态环境动态，宜居环境变化，国际旅游岛效益，周边乡镇城市发展，美丽乡村建设，农业、水果业、畜牧业发展等。

（3）经济效益：经济可行性分析、土地成本分析、水田改湿地成本分析、拆迁成本分析、退地还林成本分析、去除外来树种成本分析、生态修复成本分析、国家公园设立和建设投资成本分析、社会成本分析、旅游服务效益分析、国际旅游岛效益分析、宜居环境效益分析、周边乡镇城市发展效益分析、美丽乡村建设效益分析以及种植业、果林业、畜业发展效益分析等。

国家公园的经济效益分析非常有挑战意义的是生态系统服务价值的评估和生态产品价值的评估。这是由于生态系统服务和生态产品价值的四个特性所决定的。一是不可比性，比如湿地有湿地的价值，森林有森林的价值。二是唯一性，比如空气对于人类是唯一的。三是不可替代性，比如某些物种基因的消失是不可替代的。四是不确定性，包括时空效应的不确定性，以及生态系统演替不同阶段的不确定性。

2.5.4　国家公园的旅游规划

国家公园的旅游规划包括以下方面：

（1）旅游区域规划，旅游路线、旅游景点及旅游基础设施建设规划。

（2）生态公路建设规划（防止保护区的破碎化、野生动物通道被切断、地表径流增加、外来物种入侵等）。

（3）游客中心、收费站、生态停车场建设规划，各种标识、展示和影视科普教育规划。

（4）科普教育基地规划。

（5）景点和营地的建设规划。

（6）娱乐设施建设规划。

（7）安全救援管理规划。

2.5.5　国家公园的综合规划

国家公园综合规划应该提高各种服务的综合能力。规划是通过各种核心项目体现的，如通过设施、交通、景点、文化资源和自然资源等来满足公园规划的需要。国家公园的综合规划包括以下几个方面：

（1）国家公园综合规划必须回答"国家公园"建立的可行性、必要性、唯一性。

要讲清楚为什么要建立"国家公园"，它与其他国家公园的异同。

（2）国家公园综合规划必须基于对规划区域的深入研究，至少应该包括如下几个方面：①地质地貌：完整的地质地貌范围；②气候：气候带；③水文：水系流域，水源地；④土壤：国家公园代表性土壤类型；⑤生态系统：完整的生态系统空间格局、范围、边界线；⑥森林：自然林、人工林、森林生态系统、分布格局；⑦动植物资源：分布格局、种类、保护、濒危种；⑧空间格局：生境格局、边际效应、流域、水田（湿地）、乡镇、村落、公路；⑨生态屏障：生态屏障及其科学依据。

（3）国家公园综合规划应该对区域内的行政村、常住人口、历史、文化、民族作详细研究，分析在国家公园内设立"民族文化保护区"的可行性。

（4）国家公园综合规划应该就国家公园四周开发旅游资源、建设旅游设施、拓展生态城市和美丽乡村建设。

（5）国家公园综合规划应该包括生态规划、资源规划、水文规划、土壤规划、景点规划、路网规划、游客规划等"多规合一"的整体和系统的规划。这些规划所面对的各种生态关系的挑战，是不言而喻的。

应该提醒规划设计师和管理者，"国家公园"与"国家自然保护区"有明显的区别。国家公园是依据社会对某一地区的生境、景观、物种的保护和欣赏，由国家立法机构圈定的面积大小不一的区域，其目标是对这个区域的保护、研究并服务于公众，国家公园支持和鼓励游客参观。国家自然保护区是指具有科学研究机构支撑的，出于对某一特殊的生态系统及其生物种群或生物多样性保护的需要，通过国家立法机构批准而划分出明显边界线和范围的保护区域。国家自然保护区着重于生态系统的保护和研究、着重于基因库和生物多样性的保护和研究，国家自然保护区限制或禁止游客的游览。但也应该注意，在实施中，"国家公园"与"国家自然保护区"的保护和研究是相互融合的，并没有明显的区别。比如，三江源国家公园作为"中华水塔"如此重要的水资源源头，应该按照"国家自然保护区"的保护和研究要求，将公园和保护区范围扩大到汇水面积内的雪山和森林，并严格禁止游客，甚至包括管理人员的进入。

3

生态关系与生态经济

传统经济学的效益增长以自然资本无限供给为条件，而实际上，自然资本的稀缺性将直接影响一个地区的经济产出，如中国越来越多的沿海地区，由于土地、能源和水资源供应不足，制约了当地经济的发展。增加资源的数量和质量，可以增加社会的总产出。生态文明建设中的一个难点，是如何实现经济增长和环境保护协同推进。自然资本的提出，对于解决这个难点提供了一个良好方案。中国要持续发展，而前提是仍然需要有足够的投资。投资自然资本是寻找具有可持续发展意义的领域，是符合中国转型发展的方向的。自然资本的投入与生态补偿、绿色 GDP 以及生态系统服务价值具有密不可分的内在联系。

关键词

生态经济学、自然资本、可持续经济效益、生态系统服务、绿色 GDP、能源经济。

生态经济学（Ecological Economics）是跨学科和交叉学科的学术研究领域，它致力于解决人类经济与自然生态系统在时间和空间上的相互依存和共同发展的生态关系。可持续发展就是通过将经济视为地球上更大的生态系统的子系统，强调保护自然资本和社会经济资本的可持续性，使得人类社会在时间和空间上可持续发展。生态经济学不同于环境经济学，两者在经济学思想中属不同学派。环境经济学是对环境资产利用的经济学分析，以及对环境资产利用的最优化研究。生态经济学强调经济的可持续性，强调在考虑经济成本和社会成本的同时，融入生态成本的分析；同时还主张人类社会的物质资本对自然资本的不可代替性（Daly et al.，2004）。

生态经济学建立于 20 世纪 80 年代，根据生态经济学家的说法，生态经济学关注的是经济活动中的自然资本属性、社会资本的公平性和资本的可持续性。生态经济的分析和评估关注自然对于人类社会世代生存的重要性，环境变化的不可逆性，社会发展与自然资源利用的不确定性，以及社会和经济发展的不可持续性。生态经济学家质疑基本的主流经济学的理念和分析方法，强调应优先考虑将自然资本添加到土地、劳动力和金融资本的典型资本投入和资产分析中。主流经济学家倾向于技术乐观主义者，而生态经济学家则倾向于技术怀疑论者。生态经济学家认为，自然世界的承载能力有限，其资源可能会耗尽。由于重要的环境和资源被破坏后，其结果可能是不可逆转的，并且是灾难性的。因此，生态经济学家倾向于通过可持续设计和规划来保护有限的自然资源，并致力于自然资源利用的可持续性（Costanza et al.，1997）。

3.1　可持续的经济效益

可持续的经济效益通常表现在为项目的所有者、建设者、运营商、居住者提供经济回报。比如，可持续建筑通常通过每年节约能源、水资源，降低维护、维修、装修、空间配置和其他运营费用成本以实现经济效益。一些可持续的设计功能具有较高的前期成本，但是由于不断增值，投资回收期缩短，以及在生命周期中的各种节约，将使得整个生命周期的成本通常低于传统建筑的成本。

除了于直接的生命周期中节约成本，可持续设计还可以提供间接的经济效益。举例来说，可持续发展的建筑特点可以提供更健康的、舒适的、幸福的、合理建设占比的环境，可以减少层级生产力的缺勤率，提高生产率。可持续建筑功能可为业主带来经济收益，包括降低风险，延长建筑寿命，提高吸引新员工的能力，减少处理投诉的费用，由于社区对可持续项目的支持而减少了项目许可的时间和成本，并增加了资产价值。可持续建筑同时对整个社会产生经济效益，如降低空气污染损害和基础设施的建设成本，例如，减少用于垃圾填埋场、污水处理厂、发电厂和输电（配电）线路的投资。

　　在青岛李哥庄太阳能社区的设计中，太阳能社区总占地面积 89.2 hm²，其中建设用地约 66.7 hm²，道路及景观占地约 22.5 hm²，分五期开发建设（图 3.1）。其特点是使用太阳能储能集成设计和各种低成本的太阳能建筑材料及可持续建筑设计来降低首批成本。最重要的太阳能材料就是太阳能屋顶，太阳能屋顶由设计独特、美观的玻璃砖组成，嵌入了最高效率的光伏电池。瓦片被 3 层材料所包裹：底部是太阳能电池，彩色瓦片夹在中间，第三层是钢化玻璃。目前市场可以提供 4 种不同的太阳能屋顶样式（图 3.2），用户可根据自己家里的设计风格来选用。当太阳能屋顶与储能电池结合时，太阳能屋顶可以为整个家庭提供 100% 的可持续再生能源（伍业钢等，2018）。

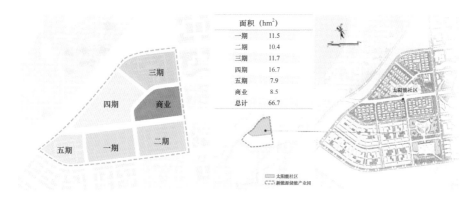

面积（hm²）	
一期	11.5
二期	10.4
三期	11.7
四期	16.7
五期	7.9
商业	8.5
总计	66.7

图 3.1　青岛李哥庄太阳能社区分期开发建设规划

图 3.2　市场可以提供的 4 种不同的太阳能屋顶样式

太阳能材料离不开能源墙及储能设备。太阳能墙是一种用于被动加热建筑物的技术，是实现节能建筑设计的一种方法。这些墙壁可以安装在建筑物上，将外部结构与内部设备结合在一起，以利用太阳能为室内空间供热和通风。太阳能墙还可以使建筑物的实际外墙免受冷空气的侵害，在冬天能使建筑物变暖。同样，这些墙由于结构简单而价格低廉，甚至与砌筑砖墙的成本相同。而作为升级产品，目前市场上储能设备的自然性能提高了一个档次。上一代产品储能电池容量为 7 kW·h，最大功率为 3.3 kW，新一代储能电池的容量为 14 kW·h，最大功率为 7 kW，同时新一代产品的体积也减少了 40%，可以为一个拥有 4 个卧室的房屋提供全天的供电，包含照明、插座、家用电器等的用电。据悉，每栋房屋最多可以安装 9 个全新的储能设备。新一代储能设备的售价为 5 500 美元（约合 35 000 元人民币）。

可持续建筑设计直接的经济效益，包括能源、水、维护和修理以及运营成本的降低。按式 3-1、式 3-2 和如下测算方法计算，青岛李哥庄太阳能社区每年通过光伏发电约 2 891 万 kW·h（度），每年产生的光热可替代约 10 000 t 标准煤产生的能量，可满足产业园日常消耗的电能。可见，可持续建筑设计对建筑物所有者的间接收益包含了社会及生态效益。

青岛李哥庄太阳能社区光热计算参考公式：

$$Q_j = H \times A \times \eta_r \tag{3-1}$$

式中，Q_j——太阳能热利用系统的集热系统得热量（MJ）；H——总太阳辐照量（kW·h/m²）；A——集热系统的集热器轮廓采光面积（m²）；η_r——太阳能热利用系统的集热系统效率。

$$A = A_p \times \varphi \times k \tag{3-2}$$

式中，A——集热系统的集热器轮廓采光面积（m²）；A_p——规划社区的规划面积（m²）；φ——规划社区的建筑密度；k——集热器面积占屋顶面积的系数。

青岛李哥庄太阳能社区光伏及光热测算方法如下：

（1）集热器面积占比：考虑到社区建筑物屋顶还有其他设备，取屋顶面积的 80% 计算。

（2）日照时数和辐射量：项目地所在的山东省属于三类地区，全年日照时数 2 200~3 000 h，本次计算取中间值 2 600 h 计算；年辐射量 1 393~1 625 kW·h/（m²·a），本次计算取 1 500 kW·h/（m²·a）。

（3）集热系统效率：参照《可再生能源建筑应用工程评价标准》，本次太阳能热利用系统的集热系统效率按 42% 计算。

（4）电池板面积占比：考虑到检修和其他设施的面积，按照屋顶面积的 40% 来计算面积。

（5）电池板容量：本次计算取电池板容量 150 W/m^2。

（6）电池板系统效率：本次计算取电池容量 78.6%。

可持续设计必须从项目的概念阶段开始。为实现最佳收益，需要形成一个由业主、建筑师、工程师、可持续设计顾问、景观设计师、运维人员、安全和保障专家、总承包商和主要分包商、成本顾问、价值工程师和客户代表组成的设计团队。这个团队从一开始就要共同努力寻求一个"一体化"的设计。这样一个设计团队要共同开发新的设计方案，在满足能源、环境和社会目标的同时将成本控制在预算之内，并实现经济效益的最大化和可持续性（Chou et al.，2018）。

3.2　生态修复的经济效益

实现经济效益的最大化和可持续性，包含对生态效益、经济效益、社会效益的融合和平衡。以青岛胶州湾生态大保护规划为例，该规划遵从这一原则，在生态修复中弘扬了胶州嘉树园红学文化和板桥古镇商埠文化。板桥古镇曾是全国五大商埠之一、长江以北唯一通商口岸及海关重镇。塔埠头港的修复，既凸显和弘扬了胶州湾湿地的文化和社会价值，发展以文化底蕴为基础的湿地公园旅游，也保证了胶州湾湿地公园未来运营维护的经济效益。旅游产业的导入，为胶州湾湿地公园的生态修复提供了足够的资金支持。图 3.3 为胶州湾湿地生态大保护规划的分区示意图，规划总面积约为 26.1 km^2，主要涉及河口海湾、河流沼泽两种湿地类型。这里是多种鸟类的栖息地和迁徙地，也是水产生物重要的产卵、育幼场所，具有极高的生态服务价值和生态效益。

胶州湾湿地公园的建设，不仅能提高城市绿地系统的生物多样性和生态景观的观赏性，促进城市的生态资源保护并改善城市的生活环境，为城市的持续发展提供新动力，还能为生态主导型的文化旅游产业（包括蓝岛圆梦园、渔人码头、国际清洁能源中心、国际湿地生态中心、激水乐园，以及河套湿地公园、内湖湿地公园、海湾湿地公园）的植入提供了空间与载体。文化旅游产业项目总建筑面积约 122.9 hm^2，总建设成本约 66.6 亿元（表 3.1）。这些生态主导型的文化旅游产业提升了胶州的城市形象和竞争力，也带动了生态大保护规划的 30.1 亿元工程投资（表 3.2），最终实现了经济的持续增长和生态环境的改善，促进了区域的可持续发展。

图 3.3　胶州湾湿地生态大保护规划分区示意

表 3.1　胶州湾湿地生态大保护规划旅游产业项目建设成本总计

项目	占地面积（hm²）	建筑面积（hm²）	建设成本（亿元）
世界之窗蓝岛圆梦园	163.1	33.1	11.8
蓝色港湾渔人码头	90.3	21.9	11.1
国际湿地生态中心	162.1	20.7	12.3
国际清洁能源中心	74.9	36.4	21.6
青岛海洋激水乐园	57.2	10.8	9.8
合计	547.6	122.9	66.6

表 3.2　胶州湾湿地生态大保护规划三大湿地建设成本总计

项目	占地面积（hm²）	建筑面积（hm²）	建设成本（亿元）
大沽河湿地公园	615.6	—	10.2
金湖湿地公园	438.2	—	6.0
胶州湾生态修复湿地公园	1 008.5	8.8	13.9
合计	2 062.3	8.8	30.1

3.3　生态经济的自然资本

生态保护就是对自然资本的保护，绿色发展也是自然资本的发展。自然资本是指能从中导出有利于生计的资源流和服务的自然资源存量和环境服务。自然资本不仅包括水资源、矿物、木材等为人类所利用的资源，还包括森林、草原、沼泽等生态系统及生物多样性。自然资本将是中国未来新的增长动力之一。自然资本的出现，将改变中国未来的投资结构与投资方向，将使中国经济获得新的生机。

传统经济学的效益增长以自然资源无限供给作为条件，而事实上自然资本的稀缺性将直接影响一个地区的经济产出。如中国越来越多的沿海地区，由于土地、能源和水资源供应不足，制约了当地经济的发展。增加自然资源的数量和提高其质量，可以增加社会的总产出。生态文明建设中的一个难点，就是如何实现经济增长和环境保护的协同推进。自然资本的提出，对于解决这个难点提供了一个好的方案。中国要持续发展，前提是需要有足够的投资。投资自然资本是寻找具有可持续发展意义的领域，是符合中国转型发展的方向的。

自然资本的投入，与生态补偿（Ecological Compensation）、绿色 GDP、生态系统服务价值具有不可分割的紧密联系。

1. 生态补偿

生态补偿（图 3.4）是指由于行为主体的经济活动，提高或降低了生态系统服务功能，对其他利益相关者产生影响，从而在利益相关者之间进行利益调整的一种方式，包括受损者和保护建设者接受补偿、损害者和受益者提供补偿。要实施真正的生态保护，亟需采取生态补偿措施。随着经济社会快速发展，一些地区水资源过度开发利用、水质污染、河湖萎缩、地下水超采、水土流失等问题突出，部分地区生态环境脆弱，保护者和受益者之间的利益关系脱节。为此，运用金融工具，建立水生态保护补偿机制，有助于中国河湖永续利用。

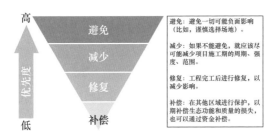

图 3.4　生态补偿示意

国内外学者们从不同的角度和不同的侧重点对生态补偿的含义进行了探讨。李文华（2017）认为，生态补偿是以保护和可持续利用生态系统服务为目的，以经济手段为主，调节相关者利益关系的制度安排。广义的生态补偿，应该包括环境污染和生态服务功能两个方面的内容，也就是说不仅包括由生态系统服务受益者向生态系统服务提供者提供因保护生态环境所造成损失的补偿，也包括由环境污染者向被环境污染受害者的赔偿。

2. 绿色 GDP

绿色 GDP 是指一个国家或地区在考虑自然资源（主要包括土地、森林、矿产、水和海洋）与环境因素（包括生物环境、自然环境、人文环境等）影响之后经济活动的最终成果，即将经济活动中所付出的资源耗减成本和环境降级成本从 GDP 中予以扣除。改革现行的国民经济核算体系，对环境资源进行核算，从现行 GDP 中扣除环境资源成本和对环境资源的保护服务费用，其计算结果可称之为"绿色 GDP"（图 3.5）。绿色 GDP 这个指标，实质上代表了国民经济增长的净正效应。绿色 GDP 占 GDP 的比重越高，表明国民经济增长的正效应越高，负效应越低，反之亦然（Wu et al.，2020）。

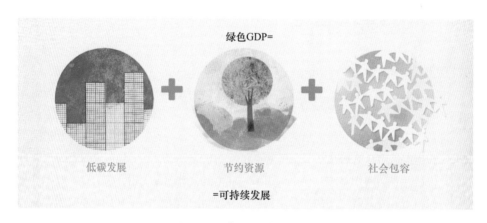

图 3.5　绿色 GDP 概念示意

以前仅通过 GDP 来看一个国家的繁荣情况，国家的发展的确需要经济支撑，但是并不意味着 GDP 能够显示这个国家的整体发展水平。例如，自 1950 年联合国开始收集 GDP 数据以来，其数值一直呈增长趋势。但是人类社会幸福和进步的发展指数（人类福祉指数）到 20 世纪 70 年代就到了上限，甚至之后出现下降趋势（图 3.6）。过去几十年全球的经济总值的确是增长的，但它不能反映整个社会的繁荣程度，因为 GDP 仅是衡量经济活动的一个指数。Bensel 等（2011）对 1950 年至 2000 年全球人均 GDP 和人类福祉指数（GPI）的比较研究表明，全球人均 GDP 从 1950 年一直在增长，但是人类福祉指数（GPI）基本平缓或趋于不变。人类社会的繁荣昌盛不是简单的经济增长，还包括整个生态系统的健康与可持续发展，生态保护可以带来的生态效益、经济效益和社会效益的统一（Chou et al.，2018）。

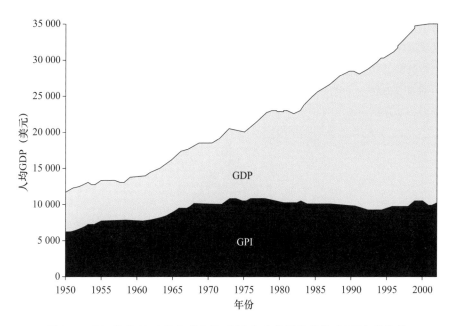

图 3.6　1950 年至 2000 年全球人均 GDP 和人类福祉指数（GPI）的比较

3. 生态系统服务价值

生态经济学家一致认为，生态系统会为人类带来大量的商品和服务，在人类福祉中发挥关键作用。但是，何为生态系统服务（Ecosystem Service）赋予价值的争论也很激烈。Costanza 及其同事（Costanza et al.，1997）进行了一项研究，来确定生态系统所提供服务的"价值"。这是通过在特定的条件（环境条件、社会条件、经济条件）下进行的一系列研究得出的平均值。对于不同类型的生态系统服务的价值是不一样的，比如，湿地、森林、海洋等。地球全部生态系统的生态系统服务总价值为 33 万亿美元（1997年价值），这一价值是当时世界总 GDP 的两倍以上。然而，这一平均值是没有考虑不同背景而确定的。这项研究遭到了一些传统生态经济学家和一些环境经济学家的批评，因为这一生态系统服务价值评估与金融资本估值的假设不一致。假设不一致，就不能达成共同认可的价值，比如对一块石头的认知，假设它是一种珍贵的矿石和假设它是一块建筑的石料。不一致的假设（认知）的估值，就没有可比性和一致性。比如，一棵树不能以燃烧能量来估算它的价值，它有吸收碳、净化空气、美化环境的作用，是森林生态系统服务的一分子，即生态系统服务价值具有不可比性（傅伯杰，2019）。

生态系统服务价值的另一个争议是：不能将生态系统视为按货币价值进行评估的商品和服务。因为生命是无价的，但是在成本效益分析和其他标准的经济估值中，生命显然变得毫无价值。降低人的财务价值是主流经济学的必要组成部分，往往通过保险或工资来实现。经济学原理认为，通过自愿合同关系和价格（保险和工资）达成协议来获取他人提供商品或服务，是服务价值的体现。在这一点上，生态系统在经济价值上所提供的商品或服务没有什么不同，只不过生态系统服务的可替代性远低于典型的劳动力或商品。同样的价格，也许可以在市场上找到相似的劳动力服务，但是生态系统服务却往往是唯一的，即生态系统服务是不可替代的（图3.7）。

图 3.7　生态系统服务所提供的服务示意

尽管存在这些问题，许多生态学家和保护生物学家仍在追寻生态系统服务价值的评估方法，特别是生物多样性措施似乎是调解财务和生态价值最有前途的途径，专家学者在这方面已进行了许多积极的努力。比如，生物多样性融资议案于2008年开始出现，通过碳信用和碳交换，直接向农民付款以维护生态系统服务。同样是使私人当事方在保护生物多样性方面发挥更直接作用的例子，但在生态经济学中也引起争议。联合国粮食及农业组织在2008年达成了几乎普遍的协议，认为直接支付生态系统保护和鼓励永续耕作的此类付款，是摆脱粮食危机的唯一实际方法。

麦考利（McCauley，2006）认为，生态经济学和由此产生的基于生态系统服务的保护可能是有害的。他描述了这种方法的4个主要问题：

（1）尽管某些生态服务可能对人们非常有用，但不能假设所有生态系统服务在经济上都是直接有益的。例如，在沿海地区保护红树林免受飓风的侵害。一些其他生态服务可能会造成财务或人身伤害，如狼在调节猎物数量方面起至关重要的作用。苏格兰高地缺少这种天敌，导致鹿的数量过多，阻止了林木幼苗和森林的生长，从而增加了洪水泛滥和财产损失的风险。

（2）不能将货币价值赋值于自然，这将使自然保护依赖于波动的市场。比如，哥斯达黎加芬卡圣达菲（Finca Santa Fe）的原咖啡种植园附近森林中的蜜蜂就是这种情况。森林生态系统的授粉服务价值每年超过6万美元。但随后不久，咖啡价格下降，这块土地改种菠萝。菠萝不需要蜜蜂进行授粉，因此森林生态系统的授粉服务价值降至零（Zhao et al.，2016）。

（3）为了经济利益而进行的生态系统保护计划低估了以人为手段发明和替代生态系统服务的创造力。因为技术的发展是关于人类如何开发自然服务人工替代品的历史，并且随着时间的流逝，这种服务的成本趋于降低。这也将导致生态系统服务贬值。

（4）不应提倡保护生态系统可以为增加经济价值而对生态系统的改变。在将尼罗河鲈鱼引入维多利亚湖的情况下，其生态后果是原生动物的灭绝。但是，由于社区从鱼类交易中获得了可观的经济利益，因此受到当地社区的称赞。

由于这些原因，麦考利（McCauley，2006）试图说服决策者不要出于金钱原因（经济价值）保护自然生态系统；相反，应该呼吁生态文明是倡导保护自然生态系统的最终目标和原因。

4. 能源经济学（Energy Economics）

能源问题也是生态问题，能源问题所造成的全球气候变迁和空气污染，是区域性和全球性的生态问题。可以说，可持续发展最重要的是清洁能源的可持续发展。因而，能源经济学也属于生态经济学的概念。简言之，能源经济学的一个关键概念是净能源收益（能源的投入和产出），它认识到所有能源都需要初始能源投入才能产生能量，这就是经济学的意义，即投入的能源回报率必须大于1。比如，由于煤炭、石油、天然气一类能源的枯竭，其产生的净能源收益随着时间的流逝而下降，经济效益也随之下降（图3.8）。

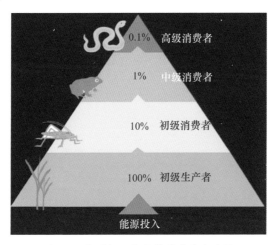

图 3.8　能源投入与生物量产出金字塔

能源经济学家通常认为，能源供应的增长与人类的幸福直接相关。但是，生态经济学家不这么认为。生态经济学家曾试图更多地将生物多样性和资源多样性、自然资本和个人资本、经济增长和生活质量关联起来。但是，对人类福祉至关重要的评估是很复杂的，往往需要采用结合社会科学和自然科学的跨学科方法来定义和理解这一问题。

能源经济学还可以通过热力经济学（Thermo Economics）来定义，即可通过热力学第二定律来定义和理解能量在生物演化中的作用，亦即能量的投入通过其生产率和效率产出生物量（或维持生态系统过程）。它是以热能的成本和收益（或获利能力）之类的经济标准为依据的（严晋跃，2019）。热力经济学通过评估所捕获和利用多少能量来生产一定量的生物量，即评估能量投入和生物量产出的经济学机制（Trebilco et al.，2013）。热力经济学在生态经济学领域中经常被认为，其本身与生态可持续性和可持续发展有关。

热力经济学在生物进化中的应用是根据生产率、效率，尤其是热力学的成本和收益（或获利能力）之类的经济标准来定义和理解生物进化。热力经济学家坚持认为，人类经济系统可以被模拟为热力学系统。热力经济学家还认为，经济系统涉及物质、能量、熵和信息的流动和交换，这种流动和交换既符合热力学第一定律，也符合热力学第二定律。热力学第一定律是能量守恒原理的一种表达方式，此定律认为：在一个热力学系统内，能量可以转换，即可从一种形式转变成另一种形式，但不能自行产生，也不能毁灭。一般公式化为：一个系统内能的改变等于供给系统的热量减去系统对外环境所做的功。热力学第一定律是生物、物理、化学等学科的重要定律。热力学第二定律是热力学基本定律之一，可以表述为：热量不能自发地从低温物体转移到高温物体。即热量不可能从单一热源取热使之完全转换为有用的功而不产生其他影响。其熵增原理可以表述为：不可逆热力过程中熵的微增量总是大于零。在自然过程中，一个孤立系统的总混乱度（即"熵"）不会减小。用热力学术语来说，人类的经济活动可以被描述为一种耗散系统，它通过消耗自由能来进行转化以及通过资源、商品和服务的交换而蓬勃发展。

4

生态保护的国家发展战略与
生态可持续发展的关系

推动生态保护的国家发展战略，需要有一个更高层次的顶层设计。就是说，从"十四五"到 2035 年、再到 2049年，在中华人民共和国成立 100 周年之际，我们国家的发展会是一张什么样的蓝图？这决定着发展模式和经济模式，这也必然是"绿水青山就是金山银山"的蓝图。

我们希望以浙江省湖州市作为榜样、作为示范，给国家的发展提出一个建议、提供一个战略示范、一个可复制的模式。这张蓝图将提供一个全新的增长模式，一个新的经济增长的动力和引擎。而要做好这张蓝图的顶层设计，需要确立国家发展的战略，建立一支实实在在的团队、一支院士团队、一支专家团队，能够为湖州和全国的未来发展打造一个"2.0 版本""3.0 版本"的可持续发展蓝图。显然，生态保护、生态修复、生态经济的理念将融合于这一蓝图的顶层设计。

关键词

生态保护、生态修复、生态经济、生态文明、绿色发展、生态中国、美丽乡村、可持续发展、经济模式。

如今，我们把生态保护和生态修复作为国家发展战略，它不是一个权宜之计，也不是一个保护的概念，而是一个发展的概念、是一个经济可持续发展的概念。我们国家这40年的发展，从"发展就是硬道理"这个阶段到我们要有一个新的可持续发展模式、新的经济模式、新的生活模式和新的经济增长模式。这个模式就是生态经济模式、绿色发展模式、生态发展模式、"生态+"模式。这个发展模式是中国发展的2.0版，是一个新的台阶、新的版本。

所谓"生态保护"，就是保护生态系统免遭人类的干扰，也是保护自然资源免遭过度利用和被耗尽，还包括对生物多样性、景观多样性、生态过程、生境和栖息地，以及人类赖以生存的自然资源的保护。而"生态修复"则是指通过积极的人类干预和行动来更新和恢复退化、受损或破坏的生态系统和栖息地的工程与措施，其目标是使生态系统和栖息生境恢复到自然或原始的状态。显然，生态保护和生态修复的目的就是为了生态系统的生态可持续性。而基于这种生态可持续性的社会，就是生态文明的社会。同理，基于这种生态可持续性的经济，就是生态经济。

我们所尊崇的生态经济，是跨时空的人类经济和自然生态系统的相互依存和共同演化。生态经济可视为地球生态系统的一个子系统，它强调对自然资本的保护及生态可持续性，并强调自然资本的不可替代性。现在有一种思潮，在讨论如何把"生态产品"量化，如何把生态系统服务量化，如何把生态兑现为经济。这是一种急功近利的危险倾向。虽然，"生态产品"是有价值的，生态系统服务也是有价值的。但是，这些价值的估算仅作为科学研究和探索是非常有意义的，可作为政府、企业在现实实施中的估算，却极容易被这些数据误导。因为这些价值是动态的、不确定的、相对的。在不同的生态系统发展阶段和同一类生态系统的不同空间，其价值相差难于估量。比如，同一湿地在不同演替阶段，它的生态系统服务价值是不一样的。而同类湿地在河口、河漫滩、出海口，它的生态系统服务价值也可能不具有可比性。

20世纪70年代，美国佛罗里达州的奥兰多还是个小城镇，人口65万，2019年增长到200万；2019年GDP是1 472亿美元，人均GDP是73 609美元，高于全美人均GDP的64 932美元。佛罗里达州是一个有着好风光的地方，20世纪70年代引来了迪士尼及先后12个巨型主题乐园，奥兰多迅速发展成为旅游城市，旅游GDP占总GDP的68%；逐渐地旅游城市又迅速发展成为一个宜居城市，随之而来的又从宜居城市发展成为高科技产业的宜业城市、未来医疗城市。目前，奥兰多旅游GDP仅占总GDP的22%。

奥兰多的发展给了我们一个启示，可以帮助我们对生态保护的国家战略有一个更好的认识。生态和环境好必然是好山好水，农业发展食品安全就有保障，旅游业就自然会发展，生态和环境好的城市就会成为人们向往的宜居城市，宜居就会宜业。我们希望城市的发展不仅停留在好山好水、发展旅游业上，不应该把眼光盯在"生态产品"的"价值转化"上，应该在生态友好的风水宝地上打造宜居环境、筑巢引凤，引入国际前沿的高科技产业，打造宜业城市。越是生态美好的宜居城市，就越可能是高科技创新产业的宜业城市。所以说"生态即是经济"。

4.1　生态保护的国家发展战略

为了推动把生态保护和生态修复作为国家发展战略，我们需要有个战略计划。战略计划是一种有价值的理念和技术，可以帮助几乎任何级别的政府和组织。其目的是为各级政府和组织制定发展方向，以及提供如何前进的技术路线，并明确为实现发展方向需要哪些资源。这个战略计划包括：

（1）定义和明确使命。使命是驱动力，使命感帮助我们制定必须实现的总体目标。它是所有决策的关键，为所有的行动奠定基础。制定一个战略计划可以帮助我们重新审视使命。我们的使命可以定义为：为了国家生态安全、环境安全、经济安全，为了可持续发展和人民的福祉，我们必须将生态保护和生态修复作为国家的发展战略。

（2）建立现实的目标。目标只有在实施的能力范围内才是可行的和现实的。制定战略计划可以重新审视我们的目标和实现目标的技术路线及时间节点，然后根据目标配置资源。如果，我们把生态可持续性作为目标，就是要制定实现绿水青山的生态技术和经济发展路线，以及实现这一目标在不同时间节点（5年、25年、50年）可检验的标准。

（3）注重效率和专注目标。随着发展很容易失去焦点，也容易失去发展方向，效率也会受到影响。制定战略计划是帮助我们实现长期目标的基础，也有助于每个个人、实体、政府清楚地了解短期内需要完成的工作。因此，制定一个实现可持续发展的战略计划，将帮助我们清楚我们国家和地区的发展会是一张什么样的蓝图，而这张蓝图将决定我们的发展模式和经济模式。

（4）建立和增强团队精神。制定这样一个战略计划将使每个人都清楚自己的角色，与大局相关时，团队合作会更有效。如果没有明确的重点和方向，团队可能会变得混乱、反应迟钝并失去动力。制定战略计划将为团队提供有效沟通的工具，并将成为连接和团队凝聚力与激情的源泉，对发展方向达成共识（王浩等，2019）。

湖州市可以作为践行生态修复和美丽乡村建设的先行示范区（图4.1），经验在哪里？战略意义在哪里？有哪些经验是可借鉴的？我们提倡一个可实施、可复制、可引

图 4.1　湖州市美丽乡村建设示范区

领、可示范的模式。10 年来，湖州市先后开展了污染减排、重污染高能耗行业整治、农村环境连片整治、"五水共治"、"三改一拆"、"四边三化"、矿山综合治理等专项行动，使湖州的天更蓝、水更净、山更青，城乡更美丽。城市区域内Ⅱ类、Ⅲ类水质断面比例达 96.4%，入太湖水连续 8 年保持Ⅲ类水以上，农村生活污水治理规划保留自然村实现全覆盖；矿山企业从 612 家削减到 56 家，年开采量从 1.64 亿 t 下降到 0.73 亿 t；近三年全市完成"三改"6 383 万 m²、"拆违"3 312 万 m²；10 年完成造林更新 2.28 万 hm²，2015 年全市森林覆盖率达 51.4%，其中平原林木覆盖率达 27%，居全省前列（图 4.2）。我们觉得这就是实实在在的一个非常好的示范模式。所以我们认为它更具有可实施性，而且对国家发展的战略更有重大的意义，这应该是国家未来几十年的建设模式和未来的经济发展模式。

图 4.2　湖州市 10 年造林成果

4.2　生态修复的理论研究及建议

10 年来，生态修复的理念、目标、技术已经上升为治国理政的基本方略和重要国策。在国家进入新的发展阶段，对进一步落实这一重要思想，进一步弘扬和传播生态文明理念，促进绿色发展和生态发展的历史新时期，我们就生态保护的国家战略和生态技术及经济学做了全面的解读，其基本论点和建议如下：

（1）生态保护的国家战略与生态文明建设、海绵城市建设一脉相承。它是经济建设、政治建设、文化建设、社会建设、生态文明建设五位一体的建设目标和具体体现，它是未来国家经济绿色发展的生态发展模式及理论基础。

（2）生态修复的核心是水生态修复，浙江省"五水共治"及全国"水生态治理"都是万亿元的新经济规划。想要推动生态修复，就必须推动"水生态文明建设"和"海绵城市建设"。要关注水资源的合理利用和调配；要加大湿地建设、扩大面积，减少地表径流，雨水就地下渗，保护洪泛区面积，实现"一片天对应一片地"的水资源管理模式，落实"源头减排、过程阻断、末端治理"的水生态治理原则（王浩等，2019）。

（3）生态保护的目标是保护好生态系统的生态可持续性。为此，必须竭尽全力搞好河山和矿山的生态修复。推行良好的生态补偿机制，保护好水源林、原始林、生境林、防护林，保护好生物多样性和基因库，保护好当地原始植物种和动物种，绿化城市，建设好城市森林公园、植物园等。浙江省 2016 年林下经济达到 826 亿元（图 4.3），实践验证了森林生态系统保护与大力发展经济林和林下经济是可以兼得的（李文华，2019）。

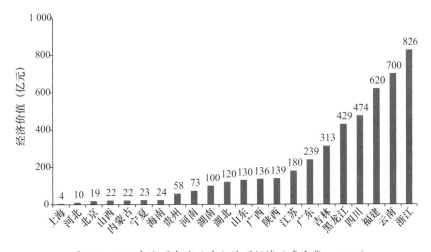

图 4.3　2016 年全国各省（市）林下经济（李文华，2019）

（4）清洁能源和未来能源系统是国家生态安全的保障。40 年的经济发展，天然气和清洁能源的利用，绿了山头（严晋跃，2019）。但是，任何的能源都是有代价的。要保住蓝天白云和生态宜居环境，就要进一步探索新能源的利用、实现智慧分布能源，系统节能，推行低碳生活模式，提高能源利用效率（图 4.4）。

图 4.4　世界主要经济体可再生能源体量增长速度

（5）"经济发展到一定程度以后，5 000 美元以后逆城市化会更加明显。就是人们不住在城市了，要住在农村，要住在郊区了。"生态修复与美丽乡村建设是一种内在联系的和必然的发展模式、经济模式、生活模式，也是新型城镇化、特色小镇建设的重要组成部分。建设美丽乡村必须保住碧水蓝天、留住乡愁、护住田园；完善农村的基础设施建设，保障农民的社会福利体制，实现农业的商业化、产业化、庄园化、智能化（李百炼，2019a、2019b）。

（6）中国的发展必须走出一条生态保护与绿色发展和生态城市建设的路径。为什么我们要选择绿色发展和生态文明之路？为什么要走出一条城乡融合与生态现代化的路径？要理解中国是一个生态极其脆弱、自然资源分布极其不平衡的国家，存在人口分布结构的不均衡、水资源分布的不均衡、土地资源分布的不均衡、森林资源分布不均衡、环境容量的不均衡、经济发展的不均衡等。我们必须考虑以最小的资源消耗获得最大的社会经济和生态效应，我们应该尽可能地减少排放对人体和环境有害的污染物质，我们要努力践行低碳生活、降低二氧化碳的排放，高瞻远瞩地从这些方面考量经济发展的指标（吕永龙，2019）。

（7）"生态中国"与"美丽中国"建设是一体的，水生态、水环境、水景观也是一体的。它提倡的是一种大尺度上的生态治理和景观建设，提倡在考虑环境容量的前提下，蓝线、绿线、红线的合理划分，提倡乡土和自然、城乡融合，提倡水文化与水经济的融合。恢复自然、师法自然、回归自然。

（8）生态修复的技术包括以水动力为基础，以水质（地表Ⅲ类水）为目标的水生态治理技术。主要包括六大生态治理工程技术措施：河床三维坑塘水系系统，湿地岛屿的空间格局，效仿自然的跌水堰沉淀及爆氧，生态驳岸及土壤微生物，挺水植物、沉水植物、浮水植物系统的构建，原微生物激活素的投放。其本质是对水、对土壤、对地形、对植物的尊重（伍业钢，2019a、2019b、2019c）。

（9）要不要生态保护、要不要可持续发展，是关系到人类生死存亡的大事，也关系到国家安全。事实上从第二次世界大战以后，70%以上的战争都是因为生态环境资源的开发所导致的。有人曾做过一个未来战争形态的评估，得到的结论是认为全球气候变化，水资源短缺、能源危机及其他生态危机将导致战争，或者导致类似于战争的形态，其毁灭人类的数量将远超过去所有世界大战的人数总和，并且所带来的经济破坏更为严重（Zhao et al.，2015）。中国的生态文明建设和生态保护的理念具有国家可持续发展和国家安全的重大意义（图4.5）。

图4.5　中国水安全是全面建成小康社会、实现中华民族永续发展的战略保障

（10）生态系统服务价值与功能比GDP要高。生态系统并非仅包括我们所说的森林、草地、湿地、河流、湖泊等，城市也是一个生态系统。自然生态系统给人类提供服务，这种服务是有价值的。这些价值可以分为三类，第一类是供给服务，比如生态系统给人类提供食物；第二种是调节服务，是看不见、摸不着的，但是它的价值更大，比如调节气候、调节洪水、减少疾病、控制污染都是生态系统给人类提供的调节服务；第三类是文化服务，人们欣赏美丽的自然景观，从中得到精神愉悦和身心放松，并可以陶冶情操。可以说，生态系统服务是支撑人类可持续发展的基础。

（11）生态修复的商业模式所推崇的首要一点，是与新型城镇化、特色小镇、美丽乡村、田园综合体、大健康、大旅游等国家战略的融合；其二是与国家PPP、EPC商业模式的融合；第三是与提高城市品质和提高土地价值的开发相融合。生态修复将是新的经济增长点、新的经济发展引擎，它的核心价值是生态效益、经济效益和社会效益的统一（图4.6）。

图 4.6　湖州市桑基鱼塘系统

（12）要想实现生态可持续发展，就要解决今天的生态环境问题，需要改变现在的经济体系，改变传统为经济而经济的生产方式及模式，将重视社会资本、修复自然资本、做大经济资本，使得生态系统服务价值和功能不断升值。生态经济学家认为，每投资自然环境 1 元，它的回报可以高达 7.5 ～ 200 元（Environmental Economics，2005）。可见，投资生态修复，就会得到生态效益和经济效益的回报，同时也会得到社会效益的回报，这就是生态修复的生态经济学（图 4.7）。

图 4.7　湖州市安吉竹海

（13）浙江省的"五水共治"是落实"绿水青山"的具体行动。"五水共治"的核心是水质，推动水生态修复，必须实现从"消灭黑臭水体"，到"实现Ⅲ类水"，再到生态系统服务价值的提升。同时，应该根据中国水环境容量，逐步提高污水处理厂尾水的达标标准（准地表Ⅴ类水或Ⅳ类水标准），以有利于湿地的再净化。在此基础上，把"雨水是资源"和"防洪、防旱、防内涝"融合到治水理念和生态技术方案之中，全面实现国家的生态安全和水质安全。

（14）在浙江省这块热土上坚持 10 年的生态修复实施和实践，为全国提供了可实施和可复制的经验。为了中国的可持续发展和落实"绿水青山"的发展理念和模式，我们建议在全国推广"生态+"的理念，打造更多像湖州市这样生态修复和生态保护的先行示范市，创立"生态修复发展基金"，建立"国家生态修复科学指导委员会"，设立各省"生态修复领导办公室"（王浩等，2019）。

显然，生态修复和生态经济的理论内涵丰富、思想深刻、生动形象、意境深远，不仅是对中国传统生态智慧的现代表达，而且深刻地阐述了经济发展与生态保护及利用的统一，体现了中国新的发展阶段、发展理念和发展方式的深刻变革。我们相信生态修复的生态技术源于实践，又指导实践，且一定会引领实践，共同开创和实现中国可持续发展、生态中国的未来。

4.3　生态文明的历史意义

生态文明是促进人类进步的生态关系。生态文明描述了人类社会系统和自然系统的融合关系，包括人类社会的生产和消费系统对自然资源的保护和可持续的利用，旨在促进人类和地球的整体福祉。生态文明作为更加可持续和公正的社会愿景可以让人们和地球上的所有生物一起更好地享受自然资源和自然生态系统服务。

然而，向生态文明转型所需的转变比大多数人意识到的要深刻得多、复杂得多、困难得多。除了采用可再生能源、倡导生态文明生活理念等重要变革之外，向生态文明的过渡还需要各种社会、经济、文化、教育等的范式转变，需要根据生态价值观对我们文明的基本系统和结构进行重组。这种范式转变源于一种意识，即我们的社会主体和自然环境是相互关联的，需要人类为全球生物的共同利益提供整体转型方案。

生态文明理念需要从关系哲学、生态科学、系统思维、网络理论等维度进行全方位探索。生态文明是对"目前人类社会的发展是不可持续的"这一现状的反思。我们面临的环境危机、贫富之间的不平等、无限制发展、自然资源枯竭、物种灭绝、全球变暖等危机，其根本原因与人类的社会和经济发展方式密不可分。我们迫切需要的是这样一个社会，在这里，人类以一种公平和可持续的方式与其他自然生命在地球上生活在一起。

真正的生态文明不是乌托邦式的理想，而是一种切实可行的生活方式。作为人类，我们必须尊重自然、遵循自然、保护自然，我们应该鼓励简单、适度、绿色和低碳的生活方式，反对奢侈浪费和过度消费。同时，国家应明确地提出的"加强建立法律和政策框架，促进绿色、低碳和循环发展""促进植树造林""加强湿地保护和恢复"。因此，生态文明是一种基于生态原则的文明。从广义上讲，生态文明涉及经济、教育、农业和其他可持续发展社会改革的综合考量。

虽然生态文明这个词最早出现于 20 世纪 80 年代，但直到 2007 年生态文明成为国家发展的明确目标，它才得到广泛使用。2014 年，联合国文明联盟与国际生态安全合作组织共同成立了生态文明委员会。生态文明的支持者同意罗马教皇弗朗西斯的说法："我们面临的不是两个独立的危机（一个是环境危机，另一个是社会危机），而是一个复杂的社会、环境危机。需要以一种综合的方法来应对危机，做到与贫困作斗争，恢复贫困者的尊严，同时保护自然。因此，生态文明需要进行长期的和系统的重大环境、社会变革"。2012 年，党的十八大正式将生态文明建设写入中国共产党党章，将绿色发展作为"十三五"乃至更长时期经济社会发展的一个重要理念。生态文明成为国家发展的战略（图 4.8）。

图 4.8 生态文明作为国家发展战略的五大元素

然而，我们目前以增长为导向的经济发展模式将在未来几十年，让我们面对一系列进一步的生存威胁。只要政策持续强调国家生产总值（GDP）的增长，跨国公司不懈地追求股东回报，我们就会继续加速走向全球灾难。人类正在迅速摧毁地球上的森林、湿地、野生动物、昆虫、鱼类、淡水、表土，污染人类赖以生存的水系、空气、土壤、生境。但全球 GDP 预计到 2060 年将翻三倍，这可能会带来灾难性的后果。2017 年，来自 184 个国家的 15000 多名科学家向人类发出了警告，时间不多了"很快就太晚了"，他们写道："要改变我们失败的轨迹"。

我们需要为人类开创一个新时代——在最深层次上，这个时代的定义是我们理解世界的方式发生转变，随之而来的是我们价值观、目标和集体行为的革命。简而言之，我们需要改变全球文明的基础。我们必须从一种以财富积累为基础的文明转变为一种肯定生命的文明，即生态文明。这个生态文明的基本理念就是，充分利用自然自身的生存原则来重新构思我们文明的基础。充分认识自然自身的承载力，把握自然生态系统的各种生态关系，追求生态系统最大的可持续发展。

人类实现生态文明的自然世界可遵循六项基本原则和生态关系：

（1）保护生物多样性、景观多样性、生态系统多样性、社会结构多样性、经济发展模式多样性、能源多样性等——系统的健康取决于差异化和集成性。当自然生态学的多样性原则被应用于人类社会时，我们将其视为对不同群体的肯定，即是根据种族、性别或任何其他划分进行自我定义。在人类社会中，多样性的共生关系转化为公平和正义的基本原则，确保人们为社会所做的努力及其技能得到公平的回报。在生态文明中，工人与雇主、生产者与消费者、人类与动物之间的关系将因此建立在每一方都获得价值而不是一方剥削另一方的基础上。在一个生态文明的整体系统中，整个系统的健康需要每个部分的繁荣。每个生命系统都相互依赖于所有其他系统的活力。

（2）维持生态平衡、系统平衡、社会平衡——系统的每个部分都与整个系统处于和谐的关系中。当这一自然生态学原理被应用于人类社会时，我们将其视为平衡的竞争与合作以及财富和权力的公平分配。基于这一重要原则，生态文明将以相互繁荣的核心原则为基础；每个人的福祉与更大世界的健康休戚相关。个人健康依赖于社会健康，而社会健康又依赖于它所嵌入的生态系统的健康。因此，从头开始，它将保护个人尊严，为每个人提供安全和独立的条件。让所有人都能获得住房的保障、合理的医疗保健和优质的教育。最重要的是，生态文明将建立在人类社会与自然世界之间无所不包的共生基础之上。人类活动将被组织起来，不仅是为了避免对地球造成伤害，也是为了积极地维持和恢复地球的健康。

（3）个体和总体的融合发展、社会与自然的融合发展、系统与空间的融合发展、近期与远期的融合发展——对于生态文明，整个系统的健康需要各部分的繁荣。当这一自然生态学原理被应用于人类社会时，我们将其视为个人尊严。同时，分享赋予我们广大共同体的是每个人与生俱来的权利。这些融合发展将促使制造业必须围绕循环材料流来构建，技术创新将受到鼓励，人与人之间，以及人与生命系统的融合共生发展将更加有效和和谐。

（4）维持生命周期的可持续性和可更新性——再生和可持续的繁荣进入长期的未来。当这一自然生态学原理被应用于人类社会时，我们将其视为经济增长一旦达到健康极限就会停止，例如稳态经济。我们的城市将根据生态原则进行重新设计，比如海绵城市设计、湿地公园设计、防洪设计、都市农业设计、在 20 分钟的步行路程内提供基本服务的设计等。教育将被重新定义，其目标从培养学生进入就业市场转变为培养学生的洞察力、创新力和情感成熟度，以实现他们作为社会有价值成员的人生目标。发表与自然权利相关的宣言，承认生态系统和自然实体的生存和繁荣是不可剥夺的权利，这将使自然世界与人类具有相同的法律地位。

（5）等级辅助性、系统辅助性、社会辅助性、自然辅助性——最低级别的问题会影响最高级别的健康状况。当这一自然生态学原理被应用于人类社会时，我们将其视为基层自治和自主权，即在尽可能低的级别进行决策。这样的原理为基于与自然和人类和谐相处的立法提供了法律和道德平台。一种新的生态世界观正在全球范围内传播，生态文明的核心原则已在《地球宪章》中阐明，这是一个道德框架，于 2000 年在荷兰海牙发布，并得到全球 50000 多个组织和个人的认可。

（6）互利共生、循环再生、永续发展——生态文明是自然与人类互惠互利的共生关系。当这一自然生态学原理被应用于人类社会时，我们将其视为公平正义、再生经济和循环能源流动。例如，衡量福祉不再是 GDP，而是可再生农业、可持续发展原则、循环经济和可再生制造业、非人类的自然权和人格权，等等。

当我们考虑到为实现生态文明转变所需的巨大代价时，实现生态文明的可能性似乎令人望而生畏，但这绝非不可能。当人类文明因其内部缺陷而开始瓦解时，紧紧缠绕它的绳索也松动了。每年我们都离灾难越来越近，随着与环境污染、资源枯竭、气候变暖等相关的更大灾难的出现，生态文明也就越来越成为一种新的希望。一波又一波的地球人正在寻找一种新的世界观，一种能够理解当前正在发生的变化的世界观，一种能够为他们提供他们可以相信的未来的世界观。因而，将我们的文明转变为以生态优先、可持续优先、幸福感优先为基础的生态文明，是历史赋予我们的使命和责任。

4.4　生态可持续发展的模式

为什么说生态可持续发展是中国发展的必然模式？在生态保护的基本国策框架

下，怎么使我们的国家、地方的经济更加美好？未来的新经济是什么？怎么样能够使经济发展跟生态得到更好地和谐并进？如何保证和修复绿水青山？这跟发展有矛盾吗？我们赖以生存的自然资源和生态系统服务可以取之不尽吗？面对当今环境的恶化和自然资源的匮乏，我们的出路在哪里？我们从人类整个发展的历史来谈谈未来的新经济，谈谈人与自然和谐的生态发展，谈谈为什么说生态文明、生态保护和生态修复在今天来说比任何时候更加重要。

从工业革命开始，整个人类的活动带来了一系列变化，尤其是进入21世纪以后，变化更为巨大。它为整个地球系统带来了本质性的变化，这里面就涉及人与自然的关系。人与自然作为一个社会系统、生态系统，既有物质能量和信息之间的交换，又有进化的过程，整个人类发展的文明史要从进化的角度、动态的角度去认识。

人与自然的关系，既有人对自然破坏的一面，也有人为此修复甚至促进生态系统的一面，就像我们的城市生态系统，它有负面，但是也有正面。原始社会没有工程手段，很难应对自然灾害。同样的，对人类社会来说，服务有正面也有负面。因此，人类必须综合考虑环境、社会和经济三者之间的关系。目前，我们可以归纳出环境、社会和经济的三种融合发展模式（图4.9）。一是，将环境、社会和经济三者摆在同等重要的地位的融合发展模式；二是以经济发展为重，兼顾环境保护和社会发展的模式；三是，以经济发展为中心，以社会发展为目标来融合经济发展，又以环境保护为更高层次的可持续发展的目标的融合发展模式。这也就是生态可持续的发展模式。

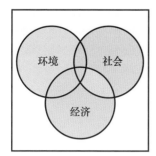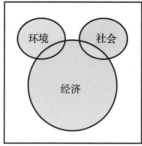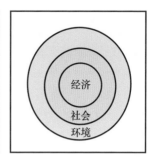

图 4.9 环境、经济、社会的三种融合发展模式

4.4.1 生态农业可持续发展的模式

今天，人与自然的关系已经发生了本质上的变化。过去"人"作为一个物种来说，相对于其他物种是平衡的。但是，今天"人"作为一个物种来说，对于自然环境的影响，已经远远超过其他生物对环境影响的总和。会导致什么后果呢？在人类的系

统中，对整个陆地生态系统来说，我们大概只有10%的陆地还可以称之为自然。小时候都认为我们有城市、郊区、农村，还有大片取之不尽的自然，所谓的自然，就是这样的一个概念。但是，就是这样一个自然系统能产生的生产力大概只有20%。今天的生态学和50年前、100年前生态学的本质不一样。因为，今天是以人为主体的生态系统，过去我们总认为是人生活在自然中，实际上是自然已经被人所包围、所影响。正因为这样，我们更要意识到绿水青山的重要性。过去我们的工厂污染一下没有关系，相当于在一瓶水中滴一滴墨水，摇一摇，看不出来，还是白的。现在90%是黑的，加一滴白的进去还是黑的。

由于人口的急剧增长，自然环境的破坏，整个资源环境面临崩溃，而这种灾难将越来越多地成为全球性的灾难。过去，信息化程度很低，就像你在美国打喷嚏，中国人不会感冒。而现在，在股票市场，美国或者中国发生什么，马上就会是全球性的影响。世界高度整合中，局域性的灾难马上就是全球性的，也就是整个人类共同面临的挑战。意识到这点，就知道过去区域性文明的消失带来的后果和今天自然生态破坏带来的后果，本质上是不一样的。

人类系统是选择生存、发展还是毁灭？人类社会应该从我们的过去真正意识到或者学到我们为什么会走到今天，只有认识到我们的过去，才能更好地理解和产生一个更美好、更值得期待的明天。纵观人类发展的整个历史，过去所有的环境要素相对人类生存来说，基本是在波动的。但是进入人类世界以后，尤其是今天，大量环境要素已经偏离了本来自然系统应该有的传统轨迹。这些轨迹不仅带来一些表象，更深层次的影响是在于进化、演化上。比如说我们对渔业资源的捕捞，使得这些鱼增强了对自然和捕捞的适应性，在很短的时间长大，但是这种快速长大的系统是非常脆弱的，随时可以导致整个渔业资源毁灭。为什么今天的生态环境跟过去本质上不一样？它不仅是表象看到的，而是更深层次的，包括人的进化在内，也不是一成不变的，过去我们认为进化的时间尺度很长远，现在好像越来越短，在科技界已经逐步意识到这个问题（Costanza et al.，2007）。

从人口上来说，基于2012年联合国最大规模的人口普查数据，我们认为到21世纪人口增长速度就缓慢下来了。但是，事实上在2014年的10月，全球人口就大致达到了72亿。根据这个趋势，大概到21世纪末全球人口就会达到96亿～123亿。而这个统计并不包括中国开放二胎、三胎政策带来的人口增长。人口的增长会带来一系列问题，是必须要应对的。首先是吃饭问题，这会给现代农业生产带来一系列产量上的负担。全球谷物的增长（图4.10a），是以牺牲环境为代价的。当生产力增加的时候，施用肥料的量在增长，效率在降低。为了农业的生产，我们使用了灌溉、肥料、杀虫剂等。现在湖泊的严重污染，与过量使用化肥有着直接关系。中国的氮肥施用量是世界平均水平（图 4.10b）的 5 ～ 10 倍，这也就带来一系列的污染后果。

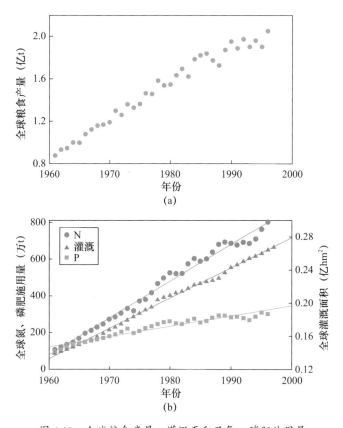

图 4.10 全球粮食产量、灌溉面积及氮、磷肥施用量

（a）全球粮食产量增长；（b）全球氮、磷肥施用量及灌溉面积增长

要养活这么多人，要有这么多农业生产，带来的后果是什么？比如说甲烷，其增长往往比我们目前在媒体里经常提到的二氧化碳严重多了。当温度增加时，甲烷所带来的危害远远超过二氧化碳。这些都是直接带给生态与环境的后果。农业中化肥和农药的使用，使得 60% 的陆地生态系统不是已经被破坏，就是正在被破坏。2003 年联合国粮农组织预测，到 2030 年，农业生产将带来气候变化气体中 93% 的氨、氮（Tilman et al.，2002）。联想到中国今天的雾霾问题，实际上很大的部分应该来自农业。这就导致了一系列后果，比如说全球的粮食生产大概三分之一是要靠授粉，但在这一过程中昆虫也在消减。美国地质局进行的研究显示，不同的空间格局带来的一系列的变化，对蜂蜜的种群产生了影响。还有就是化学工业，制造能源也好，控制害虫

也好，所带来的污染以及洋垃圾，都直接影响到生态环境。还有森林砍伐、氮分布的不均、水质污染给人带来的健康问题，也越来越受到关注。从大气污染的角度来说，农业生产带来了大气污染问题，对雾霾的研究表明，它对人的心脏、肺、神经系统、呼吸道等带来非常严重的危害，这些都没有引起重视（图 4.11）。

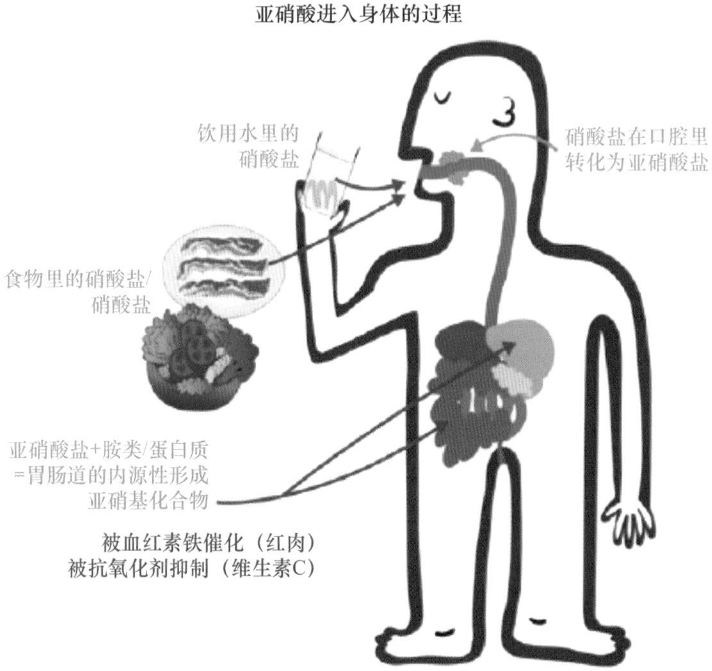

亚硝酸进入身体的过程

图 4.11　亚硝酸进入身体的过程示意

有报道认为，农业生产是 $PM_{2.5}$ 的主要来源，尤其在印度、中国。这就是为什么有的时候关闭工厂，但是雾霾仍然存在。全球气候变暖，使我们认识到农业产生的雾霾跟工业产生的雾霾本质是不一样的。大部分农业生产的土地里产生出来的雾霾对人体的危害非常大。哪怕你看到的天气是晴朗的，那也可能是臭氧的光化学反应，下午 2 点左右空气相对干燥、温度高的时候，污染危害是最高的。有时候不要看假象，要用科学的数据来说话（图 4.12）。在养殖业中，无论是养猪、养鸡还是养鱼，人们为了提高产量，大量使用抗生素，这些类似避孕药的添加剂危害很大。这些抗生素导致了什么后果？这里面大概有 3 000 多种化学物质，通过人和动物食用以及未食用部分的丢弃，污染了整个系统，我们的污水处理系统是没有办法处理的，而目前的监控系统也无法监控到它。欧美国家在 3 ～ 5 年前才开始监控，但是也没有好的解决方法，因为实在是太多了。

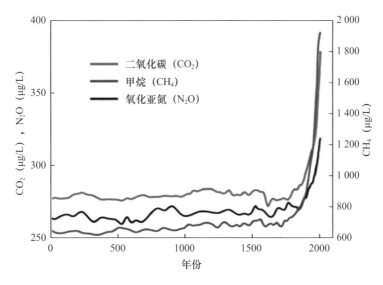

图 4.12　2020 年以来温室气体排放变化

4.4.2　生态城市的可持续发展模式

　　大部分人都希望到城市里来，所带来的一系列后果，比如说热岛效应等，也是司空见惯的。从整体上来说，全球的温室气体排放最大的国家，第一位是中国，接下来是美国，还有印度和俄罗斯。但是，人们注意到"全球食物浪费"所造成的温室气体排放，已经超过印度和俄罗斯（图 4.13）。我们已经进入"人类纪"时代，人类已处理、转换与消耗了近 80% 的可用生态圈资源（Diamond，2011）。从复杂系统的科学分析来说，要解决人类的问题，单一的方法是不行的，往往需要应用法律、政策、金融、生态工程与修复技术等很多这样的政策和驱动，而企图找到一种"灵丹妙药"解决问题事实上是办不到的，必须所有的人共同来解决问题。

　　从 2012 年开始，生态学峰会每 4 年举办一次，除了全球科学家、生态学家参与外，企业界、政治界的人也加入其中，以期通过整体的运作体系来改变目前的状态。我们同时非常希望加强联合国的功能，把它作为地球中的整体力量来实施示范性的改革。要制定促进人与自然和谐的政策，同时要创新，还有非常重要的就是生态教育和价值观的培养。例如，值得我们注意的是，全球每年浪费的食物，如果分摊到地球表面，相当于生产粮食的土地面积是 1 500 万 km^2（图 4.14）。实际上从全球范围来说，从我们粮食或者谷物总来说，养活地球上的人是没有问题的，关键是分配的问题，是浪费和重新调度问题。

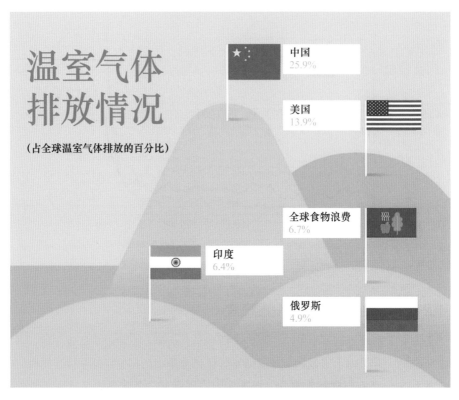

图 4.13 "全球食物浪费"所造成的温室气体排放与排放大国比较

图 4.14 人类每年浪费的粮食等同于 1 500 万 km² 土地面积的生产量

那么怎样把我们的系统转化为可持续的、以好的生活质量为主导的经济体？这需要我们不仅是大规模的建设，而是要转换建设模式，充分地利用资源、智慧。而且，需要重构社会资本，然后建立人类的资本。人类的资本包括三种：经济资本、社会政治资本和环境资本。只有这三个资本协调统一，人类的系统和整体才能真正达到高水平。要达到这一目标，不仅是中国，在世界各个地方都是非常困难的。美国的传统思维体系认为，这个世界的自然资源是取之不尽的，相当于我们所说的"空洞世界"的理论，他们认为想要的东西随时都在，事实并非如此。这个世界是有限的，资源是有限的，土地是有限的，空间是有限的，生产也是有限的。所以，这个世界经受不起无穷无尽的高消费。

还有另一种思维是"经济是无限增长的"，永远可以增长，解决贫困的方法是不断地增长。但是，GDP 增长所代表的经济增长，往往不代表人类幸福指数的提高。从1950 年有 GDP 增长指标以来，在全球范围内 GDP 是增长的，但是人类社会幸福进步的发展指数（人类福祉指数）到 20 世纪 70 年代就到了上限，甚至之后出现下降趋势。为什么今天我们的社会这种混沌的现象越来越普遍？跟这样的增长理念和发展模式密切相关，这也就是为什么我们说人类的文明和整个世界进入了关键的时期。人类社会的繁荣昌盛，不是简单的经济增长。

4.5　生态可持续发展模式的八大关注点

（1）生态系统服务的价值是巨大的，也是不可估量的。首先，生态系统服务为人类健康所带来的好处是无价的。保护和修复这样的发展不矛盾，很多资源体系需要金融体制的改革来支撑，否则转换不了生态系统服务的价值。其次，此价值不是取之不尽的，必须在环境的承载范围内，或者把环境的承载能力修复好，修复的最好方法是师法自然。比如，西湖作为城市里的一个大水体，有很多生态学的功能。水有着非常重要的调控能力，没有水，地球的平均气温将达到零下 2℃，不适合人类居住，从这个角度来看，西湖对杭州所起到的生态学功能是巨大的。

（2）国家需要投资生态修复，是投资金融资本？还是投资自然资本？值不值得？应该怎么投资？如何通过投资生态修复，来提升生态系统服务的价值？比如，国家如果开放社保基金，将一部分的社保基金投入到促进生态修复和环境保护的产业中，将带来巨大的生态效益。可以把水系从劣 V 类水水质变成Ⅲ类水，可以恢复水生态系统的功能、提供安全的饮用水。而当饮用水质量提高时，每吨水加收一分钱，这个投资回报是巨大的。这些基金投资与环境保护，带来的经济效益、生态效益、社会效益也同样是巨大的。比如，可以投资给当地居民，在水源地周围，清除农药袋子、塑料瓶等垃圾，禁止在水位落差的地方和水源地周边耕种，减少水土流失和面源污染，就能够保证水源地的水质安全。水质提升以后，饮用水税费增加，公众获得安全饮用水，使得各方环境保护的利益足够大。这个时候，公众就会自动地来提高环境保护的意识，不仅提高了环境保护参与者的环保意识，而且还起到带动和监督作用。因为，污染环境直接损害到其他人的利益，所以要建立一个相对能够在这个体系中共同获益的利益相关者。将环境保护目标、投资、具体实施方案分解，这种分解不是强制性由上而下的，而是大家共享的利益绑在一起，这个时候社会就会形成一种合力把生态修复好、把环境保护好。再比如，对于一个污染的湖泊来说，"污染物是放错地方的资源"，前期可以通过政府投资，建立一系列有针对性的产业（污泥利用、湿地公园建设等）。这些产业一旦建立起来，正式运转，就会产生新的经济效益、社会效益、生态效益，这时候生态系统和产业将进入良性循环。试想，如果能把污染转化为资源、转化为财富，那么生态系统和环境肯定会好起来。这就需要通过合理的设计，就像日本琵琶湖的治理一样。首先不是"一棒子打死"、全部否定，而是建立一个生态模型，通过研究、整合利益相关链和生态系统关系链——所谓的错综复杂的相关链条的整体分析，来找到关键节点并加以提升，使得公众能积极参与，大家都能获得好的回报。这个回报直接带来环境效益，而环境效益越高，经济回报也会越高。

（3）能不能有"互联网＋生态经济""互联网＋可持续发展"？这是一个可实施的概念，如果通过互联网能够加强各级政府和公众对绿色发展的关注，能够促进或者说加快可持续发展的实现，这是"互联网＋"的第一层意思。"互联网＋"的第二层意思是，从科学进步的角度来说，"绿色发展"和"可持续发展"对生态系统、资源利用、环境容量都有个度和量的限制。最近，美国哈佛大学的团队用细菌（微生物）、阳光、水、空气，产生了一种仿生液，并通过这种生物技术改良土壤、分解垃圾。所谓污染，就是施加的化肥没有被作物吸收，而流失到水系中，或者是垃圾对环境产生污染。当污染超过系统所能承受的度和量以后，系统就会产生问题。从生态学角度来说，系统的生物多样性有互补性、强可塑性、稳定性，而生物多样性的互补性能帮助系统养分利用效率最大化，这种最大化为系统产生了高度生产力，实现了系统的稳定性和可持续性。"互联网＋"的第三层意思是，加强信息化、智能化的科学普及，加强精准农业、数字化产业的设计和实施，使农民自己就能解决今天该不该施肥、施多少肥的问题，知道每一寸土地上的作物生长处于一种什么状况。如果能实现这样的精准农业，产生的污染（图4.15）肯定是最小的。"互联网＋"还有很多其他方式，比如，大量投资对病虫害的研究等。

图 4.15　农业化肥厂对大气的污染

（4）生态修复与土地管理和生态环境保护的关系是什么？政府在做土地管理、生态环境保护、污染治理，包括工程实施的相关决策的时候，实际上是跟经济指标挂钩、跟经费支出绑定的。而生态修复的真正价值究竟有多少？支出和回报是否合理？应该把干部考核和生态指标、经济效益相关联起来，同时应该建立一系列的农业管理实施方案、金融管理实施方案。当然，这种把生态指标和经济效益相关联起来的设计和实施方案，需要有一个决策过程。就像美国的决策体系是在2009 年奥巴马当总统时签署的总统令，规定无论是哪个部长、部门，跨越美国政府的体系必须要以生态服务为宗旨，要把生态指标和经济效益相关联起来。现在在中国，生态修复和生态保护成为国家生态文明战略，这就要求，国家各级政府的决策理念在本质上发生变化。这种变化不仅是行政上的，也是从上而下的。同样，要有一个跟这些政策相匹配的金融体系，最终还是钱的问题，钱的导向，也就是经济效益导向。比如说在很多发达国家（现在中国也有了）贷款，绿色基础设施相关的贷款利率较低，这都反映到经济上的效益。经济要发展，但很大程度上要考虑可持续性，以及对生态环境的保护，这种生态与经济相互融合的决策理念会逐步形成。2016 年在浙江省召开的 G20 峰会中的绿色金融议题，2017 年在德国汉堡召开的 G20 峰会中的可持续发展议题，都体现出一个逐步形成的全球性的绿色发展和可持续发展的共识。我们认为在绿色发展和可持续发展方面，各级政府层面应该会有一个本质性的相应变化。如果说能够贯穿到各级政府的层面上，对生态修复和生态保护的国家战略应该有更科学的认识。从实施层面上，我们希望各级政府由发展改革委员会来制定计划，从决策源头解决绿色发展和环境保护问题。发展改革委员会来决策，生态环境部来具体实施。当然，这不是一个部门问题，也不是某一级政府的问题，而是整个社会的问题，是关系到每个人自身的问题。这就是我们一直倡导的把生态问题经济化，把环保问题产业化，融合生态效益、经济效益、社会效益为一体，使政府的决策和民众的个人利益相结合，这个系统就能良性运转。

（5）生态修复如何跟乡村振兴联系起来？这是非常现实的问题。过去，对于生态保护和乡村振兴之间的关系，很大一部分人的理解是脱贫，认为实现生态保护最理想的方法是下山、集中居住；而经费和资源配置，以及生产要素的供给，最理想的办法是政府包揽。这虽然很理想，但是由于经费和资源的限制，很难实施。比如，生活污水集中处理还是用生态方式处理的问题，就是涉及乡村振兴的模式和方法问题。整体上讲，生态保护不仅是保护的概念，也是发展的概念，是一种发展模式。现在开发的大量农家乐项目，也涉及小流域、小生态的污水处理，类似这些问题，包括乡村振兴和生态法规的问题，应该如何权衡？从生态系统服务功能的角度来说，从一开始生态修复就是跟乡村振兴绑在一起的。联合国环境署的发展规划中很重要的一点，就是在自然资源保护、生态屏障得到保护的前提下解决贫困化的问题。往往越贫困的地方生态系统的整体价值越高，一般来说是这样的，但不是绝对的。有些地方，为了粮食生产，会把青山改造成为梯田（图 4.16），是否这样就可以让乡村更好？这些都是需要谨慎考量的。当然，要把生态修复跟乡村振兴联系起来，也可以通过生态环境保护补偿来实现。比如，可以通过把水源地保护公司化运作，来提高其生态效益和经济效益，让农民受益，让环境保护者受益，建立起一个互惠的体系。加上一定的补偿机制和政策。这些理念和互惠的实施方案深入人心以后，辅以相应的配套金融和其他的一系列手段，形成一个整体的结构和模式，就可以实现乡村振兴。当一个模式有资金的支撑和法律保障的时候，就可以通过山水林田湖草的改造、生态修复、农家乐、水源地保护、减少污染、水质改善、水安全的经济效益、生态补偿等，甚至更大尺度上的湿地公园、旅游的开发来提高改善生活质量。综合这些生态效益和经济效益，政府、市场和乡村都可以从这种机制中获益。这时，乡村振兴的目标自然而然就实现了。

图 4.16　农业梯田对森林生态系统的侵蚀

（6）生态修复和生态保护是如何跟生态学联系起来的？生态学是非常广义的，仔细研究会发现，很多在国际舞台上真正有发展战略思维的大家，都是生态学家。生态学家善于从系统的角度来考虑问题。本质上来说，生态学就是处理关系的科学，几乎所有关系——人与人、人与自然、人与社会，或者是生物与人、生物与自然、生物与社会等——小到个体的胃，大到一个个体，再到一个家庭、一个社区，都可以视为一个生态系统。所以，当一个人喝益生菌、酸奶时，无外乎就是想把"肠胃"这个生态系统弄得健康一点。从这个角度说，中国老祖宗天人合一的这种传统的理念都是非常系统化的，具有生态系统的系统理念。但是我们往往在政府决策、城市建设各方面的划分很局限。生态保护不仅与森林生态系统、水系生态系统、乡村振兴、生态文明有关，也与社会发展、经济增长、城市建设有关。从这个角度来说，生态学家除了致力于生态保护，还应该成为提升世界文明、世界和谐的设计师和工程师。有系统、广泛的科学知识汲取才可能成为好的生态学家。

（7）生态可持续性与生态学经济的关系是怎样的？我们提到了线性的发展模式，当我们获得了资金，得到了发展，最后得到了经济效益后，我们会投入更多的资金，得到更大的发展，然后形成一个循环。对于生态经济学也一样，我们投入了一定的资源和资金，会得到发展，也会受到一定的经济效益和生态效益，然后会得到更多资源和资金的投入，得到发展，同样形成一个循环。那怎么样才能实现投入效率的最大化？从生态经济学的角度来看，当这个循环从整个生态过程来评估，系统所产生的废弃物，如果能在下一个循环中被转变成原材料，不断地循环，废弃物达到最小、资源消耗最少、产出效益最高，投入效率就会最大化。产业是讲产业链的，从工业体系来说，也讲整个工业生态链、产业生态链。那么，在这样的一个链条中，高的效率取决于资源本身的递减，相当于生态学 10% 的递减比例，以及能量递减的关系。这对工业体系不一定完全适合，但是这个理念是适合的，怎么样减少这种递减比例，是一门学问。理论上来说，当我们设计一个多元化的工业化体系，使得这里面的资源分配，以及所有的资源配置所产生的生态位，都有一个对应的生产者或者生产体系来使用它，这时候整个体系的效率是最高的。当效率最高的时候，生产力也是最高的（Makarieva et al.，2010）。

（8）生态修复与环境污染的关系？污染是放错了地方的资源。人类的发展过程中，我们制造了很多的循环，比如说水体污染物，有污染、有垃圾，还有我们的食品，能不能像地沟油的处理那样，再回收、再回用。重新利用的过程中，我们在生态学上对这个问题怎么定义？政策上怎么下回用的定义？不要回到食品安全的渠道，不能成为危害，而是正常的生态回用。一般来说，从能量的角度来说，也永远是这样的，从高质量的能量到低质量去，从能量的角度来说是不能循环的，是一个方向走的。但是对于物质是可以的，也就是说，走到最低级的物质，哪怕没有办法处理，那么就要想办法让它来分解，当然这种分解有的时间短，有的时间长，从生态系统的整体设计来说，要有不同功能的群体来实现它。当然目前来说，很多东西在科学和技术上是有解的，也有一些是无解的，还需要进一步探索。希望我国的科学家能够做这些前瞻性的、能够改变这个世界的科学研究，这样使得这东西马上能用。尽管在美国很多都是基础性研究，但是能转换为生产力的前景，这些就还是要靠科学技术的进步和创新来实现。所以，这里面是四大要素的整合：全球范式的变革，人与自然的政策，还有创新，再就是教育和价值的问题。

5

生态关系与生态技术

在水系和湿地生态系统的修复过程中，我们要实现尊重自然法则、重塑景观格局和恢复生态系统的结构和功能，提高生态系统的自我修复和自净化能力，这需要通过一系列生态技术，尽量减少人类干扰因素。首先，我们要保证水系和湿地生态系统作为水资源保护、储存雨洪资源、生物多样性、景观格局多样性、城市防洪安全（即保障生态系统周边建设区的防洪安全以及生态系统的排涝安全）等复杂的、相互交错的生态系统功能和结构得以修复。其次，根据水系和湿地的地块坡降比，改造水系和湿地生态系统的微地形，打造坑塘岛屿系统和"锅底形"地形，根据安全高程设计陆地的建设区和非建设区，恢复或接近自然环境中的水系和湿地空间格局。

关键词

生态技术、河床空间改造、三道防线、湿地植被系统、跌水堰曝氧、原位微生物激活生态修复、水岸林生态系统保护。

不同的生态系统内生态关系极其复杂，生态关系的复杂性又决定了生态保护和生态修复中生态技术的复杂性。我们着重讨论流域水系（河流、湿地）生态保护和生态修复的六大生态技术。

5.1 流域水系生态保护和生态修复的六大生态技术

湿地生态修复的过程中，我们要实现尊重自然法则、重塑景观格局和恢复生态系统的结构和功能的基本原则，目标是提高湿地生态系统的自我修复和自我净化能力。这就需要通过一系列生态技术，尽量减少人为工程干扰因素。首先，我们要保证湿地作为水资源保护、储存雨洪资源、生物多样性生境、景观格局多样性、城市防洪安全（即保障湿地周边建设区的防洪安全以及湿地生态系统的排涝安全）等复杂的、相互交错的生态系统功能和结构得以修复。然后根据湖底、河床、湿地的坡降比，改造其微地形，打造坑塘岛屿系统和"锅底型"地形，保证万分之一至千分之一的坡降比，恢复水生态系统自净化的水动力，恢复湿地的自然空间格局。并根据最大连续降水量，设定安全高程，设计陆地的建设区和非建设区，保证城市建设免遭洪水危害。

水系和湿地生态系统要实现可持续发展，就必须拥有高效、完善以及可持续的自我修复和自净化能力。为实现这一目标，我们在进行水系和湿地生态修复的设计过程中选择了六大生态技术（伍业钢，2016）：① 河床空间改造；② 三道防线（植被、草沟、护坡）；③ 湿地植被系统；④ 跌水堰富氧曝气；⑤ 原位微生物激活技术；⑥ 水岸林生态系统保护（图 5.1）。

图 5.1　水系湿地生态修复的六大生态技术

5.1.1 河床空间改造

为什么自然河流是弯弯曲曲的? 自然弯曲的河流保留了河漫滩、水流弯曲度、湿地、坑塘岛屿系统、河岸植被,以及不同水深。这些都是河流生态系统保持自然水动力、自然净化能力、水资源和水质、水生境和水生态系统的重要因素。当自然河床被改造成硬堤岸,裁弯取直,河漫滩消失,河床变水渠,我们必须效法自然,通过河床三维空间的改造,修复河流生态系统,保持自然水动力、自然净化能力、水资源和水质(图 5.2)。

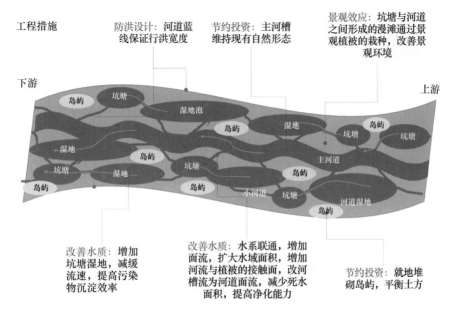

图 5.2 河床空间改造:河漫滩、水流弯曲度(深蓝色)、湿地、坑塘岛屿系统,以及不同水深

首先,应该在河床里打造多坑塘、岛屿、水漫滩交替格局,为耐湿植物、沉水植物、挺水植物、浮水植物、漂浮植物全面打造适宜生境,使富营养化水体得到反复的沉淀和吸收净化,提高水系自净化能力,提高水质净化的效率。同时,多坑塘岛屿系统的打造可以使地表径流污染物的净化效率得到最大限度的提高。根据汇水量和削减的目标等综合考虑,打造多坑塘岛屿系统,利用坑塘水深的不同、滞留时间的不同,与不同地形地势上的过水植被充分吸附与拦截发挥作用,才能保持自然多坑塘岛屿系统的稳定与自我修复能力,最大程度地发挥多坑塘岛屿系统对于区域内的雨洪调蓄、地表径流污染截留与净化、吸附和降解等方面的生态功能的修复,促进生态系统的生态循环(Ecological Cycles),降低水域的污染风险。

其次，河床三维空间修复，还应该通过加大浅水、深水区的空间交错布局，恢复水流自然坡降比（万分之一到千分之一）和自然水动力（图 5.3）。深水区与浅水区空间格局，即将水域地形呈阶梯状 V 形向中部挖深，将底泥表层富含营养的物质移出河底，达到削减内源污染的作用。阶梯状 V 形湖（河）床，有利于形成良好的水动力循环，形成底泥的集中沉降，集中定点式清淤具有便利性和易操作性。湖（河）底地形采用阶梯 V 形河底，不仅可以增强悬浮物沉淀不被扰动，还可以提高湖（河）的环境容量和自净化能力。

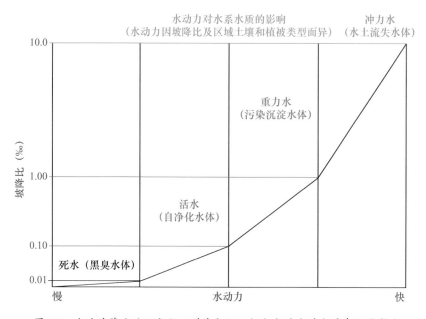

图 5.3　水流坡降比（万分之一到千分之一）和水动力对水质净化的影响

河床空间改造的另一个重要工程是河流湿地空间格局的生态修复。河流湿地生态空间格局实质是景观空间动态与生态过程综合作用的结果。湿地生态空间的格局、多尺度和相互作用决定了湿地的时空动态，自身稳定性、修复能力和对大自然的生态功能，其中格局、多尺度和相互作用的不确定性又蕴含机遇和具有很大的挑战。河流湿地包括河床内湿地和与河床相连的湿地，它们都是河流生态系统空间格局不可分割的重要部分。

5.1.2　三道防线

三道防线是指通过林地、草沟、护坡三道防线，层层过滤将地表污染物沉淀、吸收、净化，保证进入河道和湖泊的雨水水质达到安全标准，并且扩大径流的表面积，避免地面径流冲刷堤岸，造成水土流失。海湾湿地的"三道防线"，可对入湾区雨水进行有效过滤净化，能够削减 60% ～ 80% 地表径流的面源污染（图 5.4）。

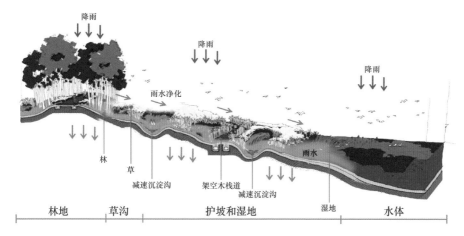

图 5.4　水系三道防线

水系岸边的三道防线对水体起到不可缺失的保护作用，它可称为水岸植被生态系统（Riparian Vegetation Ecosystem）或称水岸生态系统，是流域水系生态系统最重要的组成部分。为解决面源污染，即建立起阻断污染的"林地、草沟、护坡"三道生态防线，避免面源污染直接进入水体。一方面，三道防线构成了水生态系统中生物生境的天然屏障；另一方面，水陆植被交错带是生物多样性和生境多样性的重要地带，构建较为完整的三道防线能有效消减地表径流带来的面源污染。

5.1.3　湿地植被系统

在"林地、草沟、护坡"三道生态防线之后，湿地生态系统是构成水系水质安全的主要部分。湿地植物是湿地生态系统的重要一环。湿地植物种类繁多，主要包括水生、沼生、耐盐碱以及一些中生的草本植物。湿地植物在湿地生境的进化过程中，经历了由沉水植物—浮叶植物—浮水植物—挺水植物—陆生植物的进化演变过程，而其演变过程与湖泊水体沼泽化进程相吻合。

在植物的配置方面，一是应考虑植物种类的多样性，尽可能恢复自然湿地的植物生境；二是在植物选种上应采用本地植物，尽量避免外来种群，同时应该与湿地的空间格局和水深相适应。种植格局应选用多层次、多种类的植物搭配，在视觉上可以相互衬托，形成丰富而又错落有致的效果；对水体污染物处理的功能也能够互相补充，有利于实现生态系统的完全或半完全的自我循环（图 5.5）。具体地说，植物的配置设

图 5.5　湿地植被多样性与空间格局多样性

计，从层次上考虑，有木本与草本植物之分，应将不同种类的植物有层次、有生境地搭配设计；从功能上考虑，可采用发达茎叶类植物以有利于阻挡水流、沉降泥沙，采用发达根系类植物以有利于吸收养分等搭配。

自然湿地集多种功能和价值于一身，其中的生态美学价值也成为我们追求的目标之一。生态美学价值体现在湿地的多样性、独特性、美学性和可观赏性等方面，而这些价值主要是通过植物和水的镶嵌格局来体现。在考虑植物的景观功能时，应结合社会、娱乐和美学因素，按照植物的形态特征，选择湿地的景观品种。在水平布局上要注意有花植物与无花植物、常绿植物与落叶植物等的搭配；在空间配置上要注意乔、灌、草的配置和高低植物之间的搭配等；季节配置上要注意四季有花，不同季节有不同的景观生态环境。

湿地植物配置和生态修复需要始终处理好自净化系统，污染消减的生态关系和四大要素。通过模拟地形、地貌、水文、生境、植物群落、景观多样性，构建人与自然和谐系统，依靠自然、人工促进的生态修复过程，建立生态自净化系统、河流生态系统和生物多样性系统，依靠水动力（沉淀、曝氧）、土壤（土壤微生物及底栖动物的分解、滞留）、植物（包括沉水植物、浮水植物、挺水植物的吸收和储存）、微生物（分解、吸收）四大核心要素，最大限度削减污染，促进生态红利的最大化（图5.6）。

图5.6 依靠对水动力、土壤、植物、微生物四大要素的生态修复，
建立水系自净化系统

5.1.4 跌水堰曝气富氧

曝气指的是用向水中充气或搅动等方法，使水和空气充分接触，以交换气态物质和去除水中挥发性物质的水处理方法，或使气体从水中逸出，以去除水的臭味或二氧化碳和硫化氢等有害气体；或使氧气溶入水中，以提高溶解氧浓度，达到除铁、除锰或促进需氧微生物降解有机物的目的。

水体缺氧是河道、湖泊黑臭的根本原因，选择适当的曝气系统是城市黑臭河、湖生态修复的重要技术环节。水体中的溶解氧主要来源于大气复氧和水生植物的光合作用，单靠自然复氧，水体自净化过程非常缓慢。应对河、湖进行曝气充氧以提高溶解氧水平，恢复和增强水体中好氧微生物的活力，从而改善水体水质。曝气在湿地设计上起着非常重要的作用，主要体现在以下4个层面：①水动力层面：加速水体中氧的交换；②微生物层面：有利于微生物的快速繁殖；③植物层面：为水生植物的生长提供充足的氧；④景观层面：具有良好的景观效果和趣味性。

采用自然河流跌水堰曝气富氧是生态修复的最佳选择（图5.7）。跌水堰是通过模

图 5.7　跌水堰示意

拟自然河道内的自然阻隔，使上游渠道（河、沟、水库、塘及排水区等）水流自由跌落到下游渠道的落差构筑物（主要材料为岩石）。跌水堰多用于不同的落差，也常与水闸和溢流堰连接作为渠道上的退水及泄水构筑物。根据落差大小，跌水可做成单级或多级。跌水堰主要材料为石块，石块大小根据水流速度决定，水流越快石块越大。也可以考虑采用混凝土等材料建造，必要时可在某些部位的混凝土中配置少量钢筋或使用钢筋混凝土结构。沉淀和曝氧是跌水堰的基本功能。

跌水堰的设计原则：首先是尊重地形地貌，位置适宜选择在河道坡降比千分之一到百分之一之间，并且尽量设计在主河道平缓区段，避免在河道转弯处影响行洪；其次，尽量设计在河道有桥梁处的上下游区段，增加景观效果。在生态上跌水堰的作用主要是通过落水高差增加水体溶解氧，便于微生物的生长繁殖，为微生物提供良好栖息环境，同时能蓄积水面、降低水流速度以及沉淀污染杂质，为沉水植物提供生长环境，为富氧曝气和微生物激活素提供条件以及形成良好的景观效果。

5.1.5　原位微生物激活技术

原位微生物激活技术属于微生物强化技术中的一种，可配合其他水生态修复技术使用。在自然水体中，微生物作为分解者，受水污染的影响，其数量和活性以及对污染物的降解能力降低。原位激活技术就是通过增添原位激活素来激活原位微生物，修复微生物对污染物的降解能力。原位微生物是指生存在植物根圈范围中，对植物生长有促进作用或对病原菌有拮抗作用的有益的细菌统称。该技术的核心是把激活原位微生物所需的各种营养物质通过纳米技术及微包覆技术制成颗粒均匀的生态修复剂，加入特制生态反应池中，激活和繁殖原位微生物。

同时，利用缓释技术把这些营养物质持续提供给水环境中的原位微生物，这些原位微生物被连续不断地激活并不断被提供能量和营养而快速繁殖。不断繁殖的微生物将水体中的富营养物质（如氮、磷等）转化成可被浮游微生物及水体植物吸收的营养物质，浮游微生物及水体植物又被当作鱼、虾等生物的食物。从而形成"大鱼吃小鱼，小鱼吃虾米"的良性食物链，对水体进行原位生态修复。同时一些生物如水草、鱼虾等的增多会进一步恢复水域的自净能力，达到生态平衡，从而起到水体生态修复的作用。其反应机理主要包括：①食物链的去氮、去磷作用；②原位微生物（PGPR）的激活；③生物清淤机理；④细菌反硝化过程（图5.8）。

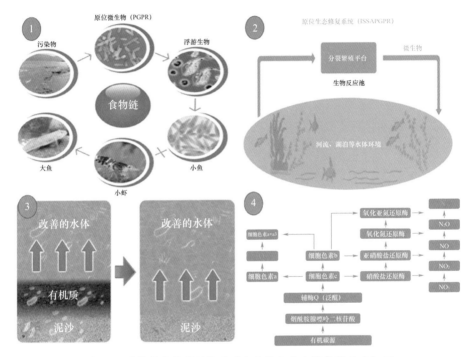

图 5.8　原位微生物激活技术对水体进行生态修复的反应机理

原位微生物激活技术是目前最新、最先进、最安全、最有效的水环境生态修复技术之一，该技术不是去改变水体本身，而是一种加强水系自我净化能力的方式，是遵循自然规律的一种尝试。原位微生物激活技术不仅施工方便，而且效果显著，后期只要进行投入较小的维护就可维持治理现状，也不用担心投放的化学物质会引起二次污染。该技术能根据不同水体污染的多样性制定针对性的生态修复方案，逐步实现消除黑臭水体、改善水质的目标，重新恢复整个水体环境的生态平衡，提高水体环境的自净承载力。

5.1.6　水岸林生态系统保护

水岸林一般以防护林和景观林为主，使得滨水空间成为适宜人类活动的休憩场所。水岸林是水系生态系统、水质安全、生境不可缺失的陆地生态系统。关于水岸林，一般会被视作"生态风景林"，含义是根据景观林建设的要求，也具有防护功能的林地。它一般包括三方面内涵：生态系统、视觉景观、林地。但是，更为重要的是，应该从景观生态学角度，将水岸林视作生态廊道景观，往往形成沿河流布局的廊道绿带。它具有5种基本功能：提供栖息地（Habitat）、提供通道（Conduit）、过滤（Filter）、供给源（Source）和汇水（Sink）。

自然水岸生态系统处于水生生态系统与高地生态系统之间，自然水岸林是水岸生态系统中向高低生态系统过度缓冲的部分，包含高低生态系统临近水岸的林地以及沿水岸种植的林地，也具有5种基础功能：栖息地功能、通道功能、过滤功能、调蓄功能、动态平衡功能（图5.9）。

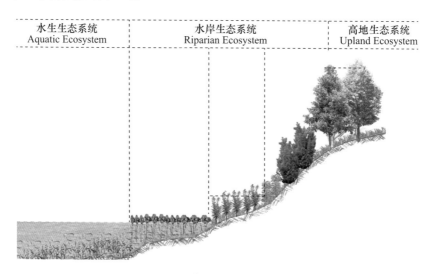

图 5.9　水岸生态系统与水岸林

自然水岸林拦蓄下渗部分地表径流，防止地表径流面源污染直接进入河道或湿地坑塘。过滤净化、控制污染物直接流入河道；避免地面径流冲刷河堤、破坏河道；能有效拦截超过80%的地表径流面源污染，保障河道水系水质安全，使河水水质不受污染。城市水岸林景观不仅充分发挥滨河缓冲带的作用，并具有一定程度的城市空间景观带功能。一是减少人类活动对滨水空间内的干扰和污染；二是城市地表径流通过水岸林缓冲带进入水系，减少面源污染。水岸林自成小气候环境，阻隔城市空间的空气污染、噪声等，形成良好的滨水休憩空间。水岸林应进行一定比例的树种配置和群落结构配置，使空间疏密有致，增加林缘线变化的丰富度。

5.2 湖泊污染的生态治理技术

城市重污染型湖泊的生态修复需注意哪些问题？要回答这个问题，我们首先要清晰地认识到湖泊污染有哪些污染源，要理解湖泊生态系统修复的理念，以及明白湖泊生态系统修复的生态技术。其次，当我们面对各种生态技术的应用和一些由人工干预的修复工程所产生的生态系统风险和不稳定性，要知道有哪些可控的措施，以及如何去应对这种风险。湖泊生态系统修复是一个系统工程，修复工程的成功，取决于植被种类、空间格局、水动力、水深等。本节系统介绍了湖泊生态系统修复的理念和湖泊生态系统修复的生态技术，并对城市重污染型湖泊生态修复所需要注意的问题提供一些具体建议。

5.2.1 湖泊污染的一些常见的污染源

湖泊污染的一些常见的污染源主要包括以下几个方面：

（1）河流污染从入湖口带来的污染。

（2）湖泊周边面源污染（包括城市面源污染和农业面源污染）及湖岸边缺失湿地、草沟、草坡、灌木、森林等植被带（三道防线）的过滤。

（3）湖泊水质污染严重，超过Ⅳ类水，水体失去自净化能力，生态系统功能丧失，进入恶性循环。

（4）湖泊污染物淤积严重，自然湖泊淤积每年小于 1 mm。目前有些湖泊严重污染，污染物淤积每年超过 150 mm。

（5）湖泊硬堤岸，风吹湖水拍到硬堤岸，反作用力将湖底污染物搅拌回水体中，阳光下，富营养化的水体暴长水藻类，消耗完水体的氧气，产生黑臭水体。

（6）湖泊大多为浅水湖，湖面水深小于 3 m。风吹湖水能将湖底的污染物搅拌回水体中，阳光下，富营养化的水体暴长水藻类，消耗完水体的氧气，产生黑臭水体。

（7）湖泊大多为平底湖，水动力不足，基本属于死水，自净化能力差。

（8）原自然湖泊的湿地与湿地植被系统严重消减，水质净化能力衰减，湿地淤泥沉积作用的衰减和污染，严重破坏底栖生态系统的净化作用。

（9）污染造成食物链的破坏及水生生态系统的破坏，加剧污染。

（10）水产养殖所造成的污染。

（11）污水处理后的中水入湖超过湖水自净化能力而产生污染的问题。

5.2.2 湖泊生态系统修复的理念

湖泊生态修复必须在流域生态系统的尺度上考虑问题并解决问题。显然，湖泊生态修复应该在流域生态系统的尺度上实现湖泊周边的海绵功能，最重要的是建设沿湖边的湿地生态系统，解决流域内雨水下渗、减少地表径流，以及减少面源污染、农业污染、河流污染等问题。根据我们对多个湖泊的研究，一个自净化功能强的湖泊，沿湖边一般应该有 10%~20% 的湿地面积（图 5.10）。

图 5.10　在流域生态系统的尺度上实现湖泊周边的海绵功能

效法自然的设计理念是基于生态学基本原则的，即湖泊是一个生态系统，在其千百年的自然形成过程中，它的空间格局、水动力、水深变化，水与植被的相互作用、水与土壤的相互作用、厌氧土壤与植被的相互作用，水岸的演替、湿地岛的演替、植被演替等，都存在着千丝万缕的关系。理解这些关系，就是对湖泊生态系统的理解，也是对湖泊生态系统修复基本原则的理解。可是，这样一种动态的、复合的生态系统关系的理解，对于湖泊生态学家是极为困难的。因此，效法自然的生态系统理念成为湖泊生态系统修复的最安全、最可持续的生态修复原则。我们认为，湖泊生态系统修复应该效法自然法则，关注、理解和模仿当地或者是区域内自然湖泊的生态系统、空间格局、水动力、植被结构，并以此作为湖泊生态系统修复的参考，以实现湖泊生态系统修复的生态可持续性。

　　湖泊生态系统修复必须遵循自然景观空间格局的原则。空间格局决定湖泊生态系统的生态功能和生态可持续性。比如湖泊湿地，不仅是湿地面积大小，湿地植被物种的选择，湿地空间格局、湖岸线、湖底三维空间结构、水深等空间结构同样决定湖泊生态修复的成功与生态可持续性。

　　湖泊生态系统修复应该以水动力为基础，以Ⅲ类水水质为目标。湖泊生态系统修复不应该仅是消灭黑臭水体的物理系统的修复，只有实现湖泊的Ⅲ类水水质，才能恢复湖泊生态系统的生态功能、自净化功能，恢复水生生态系统、食物链、底栖生态系统。

　　湖泊生态系统修复作为生态系统工程，需要生态设计来实现生态系统的整体性质、效法自然的生态效益、景观空间格局及生态尺度的合理配置，以及通过模拟不同生态技术设计的相互作用，实现生态系统功能、生态可持续性的最佳效益。同时实现湖泊生态系统最佳的生态效益、经济效益、社会效益。

5.2.3　湖泊生态系统修复的生态技术

　　（1）消除河流污染从入湖口带来的污染：通过河道湿地、跌水堰、河床坑塘系统、消除排污口、降低面源污染等，提高河水水质。同时，在入湖口建设湿地系统（净化水质，污染物沉淀吸收）和深水坑塘系统（污染物沉淀），面积大小和空间格局取决于污染程度和水量，保证水质达到Ⅳ类水或更优。跌水堰（图5.11）的作用：①在跌水堰中加固定毛刷为微生物提供良好栖息环境，增加水体溶解氧便于微生物的生长繁殖；②通过跌水曝气降解10%以上COD；③避免了漫水桥两侧的水流静止及污泥淤积，对河流中的固体污染物进行了有效拦截过滤；④对于削减氨、氮起到积极作用，每个跌水堰的氨、氮削减率为15%（伍业钢，2016）。

　　（2）减少湖泊周边面源污染及建立湖岸边湿地、草沟、草坡、灌木、森林等植被带（三道防线）来净化面源污染，保证进入湖泊水质达到Ⅳ类水或更优。湖岸的草坡、灌木、森林植被带是面源污染的第一道防线；草沟（一般20～50 cm深）能使地表径流的污染沉淀，能减少30%～70%的面源污染，是第二道防线；湖岸边的护坡湿地（常水位水深小于50 cm）植被是消减面源污染的第三道防线。通过林地、草沟、护坡三道防线，层层过滤，将地表污染物沉淀、吸收、净化，保证进入河道、湖泊的雨水水质达到安全标准，并且扩大径流流经的面积，避免地面径流冲刷堤岸，造成水土流失。湿地的"三道防线"，可对雨水进行有效过滤净化，能够削减80%地表径流的面源污染（图5.12）。

图 5.11　跌水堰示意

图 5.12　湖岸三道防线示意

（3）恢复水体就能恢复自净化能力，如果湖泊水质优于Ⅳ类水，水体就能恢复自净化能力和生态系统功能，进入良性循环，减少污染物淤积，底栖生命系统就可以正常消耗底泥污染物，水体生物也能正常消除水体污染物。

（4）尽可能减少湖泊硬堤岸，或者增加湖水硬堤岸的消浪石堤，降低反作用力，防止将湖底污染物搅拌回水体中。最好是尽可能恢复湖岸的湿地（常水位水深小于50 cm）面积，湿地面积（一般占湖面面积的 10% ～ 20%）大小和空间格局，取决于湖水污染程度、湖泊面积大小以及湖底形态。

（5）城市面源污染跟城市的空间格局关系也很大。城市的建设者偏爱把大片土地平整后建城市。但由于水表张力和城区平坦的地势，暴雨雨水无法向四周扩散而在城内聚集，城市"看海"自然就不可避免了。而且，平整的城区面积越大，"城市看海"就越严重。为此，城市建设者建设城市的排水系统以期能够解决"城市看海"的问题。但是排水井口总是在低洼处，暴雨一来，最容易堵塞的也是这些排水井口。目前解决此问题有两种办法：一是改进井口的设计，改平坦式井口为凸起式井口（图 5.13）；二是将城市按地形地势分隔成地表面流的排水街区或路段，让水以最短的距离、最快的速度往低洼地散开，防止大量雨水淤积，进而堵塞，最后汇集为洪流，或避免大量雨水汇集入路网成为水（渠）网，造成水土流失和面源污染。

图 5.13　凸起式城市排水井口

（6）城市道路建设的路面应该比道路两边的绿化带高，雨水就会自然流向道路两边，路面不会积水，不会泥泞。许多道路设计，往往绿化带比路面高，绿化带的雨水和泥水流入道路路面，路面的雨水顺着道路往低处流，路面形成"水渠"，城市街道也会形成"水渠"网，这些城区也就自然"看海"了。因此，要解决这一问题，一是要把道路两边降低下来，让雨水尽快从路面向两边排放（图5.14）；二是路两边的排水不要形成很长的连续排水沟，应该每隔几十米就有分散的排水口，避免雨水汇集的冲刷。对雨水进行管理的原则，一是加大就地下渗；二是尽快用"面流"的方式分散雨水；三是在有条件的情况下尽快将雨水引入低洼的农田、水系、湿地。如果我们的城市建设者和城市设计师都注意到这些"雨水管理"的细节和原理，将大大减少"城市看海"的损失和面源污染。

图 5.14　道路两边排水草沟低于路面

（7）湖泊大多为浅水湖，大多数湖泊水深小于3 m，风吹湖水能将湖底的污染物搅拌回水体中，阳光下富营养化水体暴长水藻类，消耗完水体的氧气，产生黑臭水体；湖泊大多为平底湖，水动力不足，基本属于死水，自净化能力差；需要关注流域里的水动力和水流比降，即湖底比降，又称水力坡度。从理论上说水动力和水流比降受水的流速、河床、水质等诸多因素的影响，但从实用的角度出发，我们要注意几个基本的数据：①比降小于万分之零点四（0.004%），水面是一个静止的状态。这么小的坡度，由于水表张力的作用，水体无法流动；②比降大于万分之零点四而小于万分之一（0.01%），则会产生泥沙沉淀，堵塞河道，形成死水；③比降大于万分之一而小于千分之一（0.1%），是水体自净化能力最强的水流；④比降大于千分之一，水流顺畅，但自净化功能降低了，冲刷增加，水资源也就快速流失了。比降大时，河流就会冲刷拐弯处加大长度，减少比降，直到达到平衡。因此，可以通过打造锅底形湖底，深度可超过6 m，比降大于万分之一，小于千分之一，这是水体自净化能力最强的水动力湖底（图5.15）。

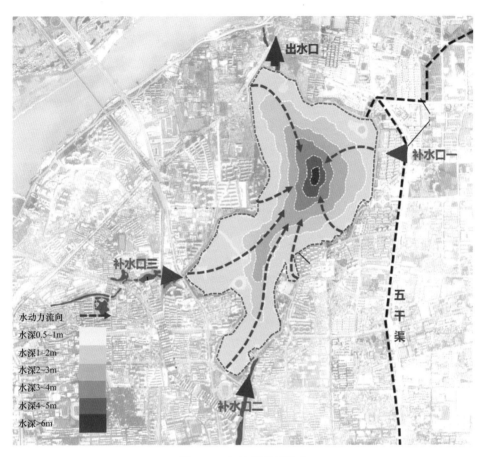

图 5.15   打造锅底形湖底

（8）另外一个被忽略的问题是湖泊的污染和淤积。正常情况下，自然湖泊的淤积底泥以每年 1 mm 的速度增加。而许多受到污染的湖泊的淤积底泥每年的增加速度都超过 150 mm，这之间竟然有 150 倍的差距！这些受到污染的湖泊都是"平底湖"，平均水深都在 3 m 左右，处于风力可以对底泥产生影响（搅拌）的作用范围。风力不断把富营养化的底泥搅拌到水体里，在阳光的作用下，各种藻类疯狂生长，死后沉淀进入淤泥，又被搅拌重新进入水体。如此循环，直到水体耗尽氧气而发臭，底泥不断淤积，使得湖泊成为"死湖"，失去生态功能和蓄水的水资源功能。生态修复的目标就是要杜绝污染、清除淤泥、实现Ⅲ类水水质、恢复水生生态系统和食物链、恢复底栖微生物群落并恢复湖泊湿地植物种群群落和湿地面积（湿地面积应该占湖泊总水面面积的 10% ~ 20%）。湖泊生态修复还有一个关键要素就是要通过修复湖底坡降比，使之在万分之一到千分之一之间，形成类似"锅底形"湖底，以恢复湖泊的自然水动力，恢复湖泊的自然曝氧和沉淀，这对于建立湖泊自净化系统极为重要。这项工程可以结合清除淤泥来实施。由于国内大多数湖泊为浅水湖，平均水深在 3 m 左右。风对 3 m 以内的湖水影响很大，风力可以很容易将湖底的沉淀淤泥搅拌回水体，反复加剧水体的富营养化。因此，整个清淤的工程可以结合实际湖区数个"锅底形"的深水区（超过 3 m 水深）和恢复自然水动力的坡降比（图 5.16）进行。显然，湖泊生态修复的规划设计中，应该考虑湖泊水深、湿地面积、底栖、湖底坡降比、水深等复杂的生态关系。

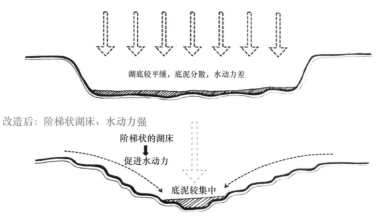

图 5.16　设计万分之一到千分之一比降的"锅底形"湖底

（9）除了空间格局，湿地植物种群选择也非常重要。除了选择本地植物种，考虑景观效果，还应该考虑不同湿地植物对 COD、TN、TP 等污染物去除率的差异（图 5.17）。

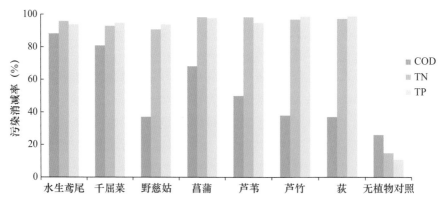

图 5.17　不同湿地植物污染物去除率

（10）水体推流曝气装置是一款针对湖泊黑臭治理使用的造流循环、增氧曝气、净化水质的水体净化曝气设备（图 5.18），多用于湖泊深水区域（水深 2 ～ 6 m）。水体推流曝气装置可有效结合河、湖床空间改造，通过推流曝气装置强大的推动力，使黑臭河道、湖泊水体的溶解氧短期内迅速增加，形成富氧活水流，同时改善微生态环境，强化水体自净化能力，在短期内明显改善水质。曝气增氧，迅速减轻水体缺氧状态；推流造流，提高水体流动性，减少水体死角；提升底层溶解氧，提高底泥微生物活性；加速分解底泥中有机物及氮、磷，减轻底泥释放造成的水体二次污染；迅速去除底泥产生的硫化物、甲烷及氨气，减少水体臭味；提高水中微生物活性及含量，分解水中营养物质。

图 5.18　扬水曝气示意和推流曝气示意

（11）努力提高污水处理标准，中水排放标准达地表水Ⅳ类水水质。国际上，达标的中水排放标准是一级 A。但是，根据国家统计数据表明，中国每年从城市排放约778.2 亿 t 废水，处理率为 80.3%。还有 197 亿 t 未经处理的农村废水。可以估计，每年约有 4 128 t 总磷和 82 560 t 总氮排入流域。雨季的总径流量可能为 22 505 亿 m³/a，而旱季的总径流量仅为 4 610 亿 m³/a（王浩等，2019）。在不考虑地表径流和农业污染的情况下，持续的污染排放和旱季径流量的减少，将使所有流域在旱季受到更为严重的污染。这些污染水系也将进一步污染土壤，影响食品安全。人口的快速增长导致人类对食物和能源的需求急剧增加。除了人口增长，人类的生活水平也在不断提高，首先需要有足够的作物产量来养活全球约 78 亿人口，到 21 世纪中叶，全球人口将达到近 100 亿（Vollset et al.，2020），这不仅对地球资源再生产了巨大压力，还需要大量的氮（N）输入。未来 20 年，为了满足全球的食物供应，目前的食物种植系统将泄漏越来越多的硝酸根，导致水质以及河岸和水生生态系统严重退化（Cassman et al.，2022）。面对这些挑战，我们必须努力提高污水处理标准，使中水排放标准达地表水四类水水质。按照海绵城市建设的理念，保护水资源，并采取科学措施减少农业和面源污染。这将形成一个市场容量超过 1 000 亿元人民币的新经济体。

6

生态关系与自然法则

效法自然是将生态系统的水、植被、土壤、生物等之间的自然关系、内在关系、生态关系联系起来的一种方法论，其重点是生态系统内部的生态关系与生态系统外部与其他生态系统的生态关系的融合。效法自然要理解生态系统的自然属性，并致力于生态系统的可持续性。所谓生态系统的自然属性就是生态系统具有一定的韧性（或称之为"可塑性"），即生态系统在受到一定程度干扰时，本身具有一定的修复能力，称之为生态系统的负反馈。当这种干扰超过生态系统的承载力时，生态系统出现正反馈，系统崩溃，失去可持续性。同时，当我们考虑自然时就应该考虑到自然的生态系统属性。那么，什么是自然的生态系统属性呢？自然的生态系统第一属性应该是作为一个生态系统，它具有系统的整体性和关联性。生态系统的整体性和关联性有两层意义，第一层意义是生态系统内部的整体性和关联性，即生态系统内的水体、植被、土壤、微生物、水生生物等是相互关联的生态系统组成成分，它们共同构成生态系统不可缺失的整体。第二层意义是生态系统是更大尺度上生态系统的一部分，比如湿地生态系统，它与流域生态系统、城市生态系统、绿水青山、海绵系统、自然保护区、国家森林公园、国家湿地公园等组成一个整体，与各个系统之间存在着相互依存、相互关联的生态关系。这就是湿地生态系统整体性和关联性的概念，也是不同生态系统之间整体性和关联性的概念。

关键词

效法自然、空间格局、水动力、生物多样性、栖息地、自然资源的承载力、自然资源、天人合一。

效法自然，就是解决人与自然的生态关系问题。虽然，人类可以从自然界中学到的东西是无限的，但是，人类从大自然获取的资源是有限的。人类在努力探索中，可以从效法自然中学到极其重要的知识，学会如何可持续地利用和保护有限的资源、如何修复被人类毁坏的资源，并学会如何效法自然来建设和改变我们自己的家园、我们的城市、我们的地球村。

效法自然就是要敬畏自然、尊重自然。效法自然就是像接受四季变化那样，接受自然赐给我们的神奇变化。大自然哺育了人类，大自然给人类提供的草原、湿地、森林是美丽的、是美好的。对于这些资源，人类应该认识到它的有限性、系统性、脆弱性，顺应自然，保护好它。但是，大自然的洪水、风雪、严寒，对于人类又是残酷的。人类也要顺应自然，比如，将洪水作为重要的水资源，保护湿地、水系、湖泊，以减少洪水带来的灾害。

重要的是，人类效法自然就是要把人类作为大自然的一分子，学会与大自然和平共处，这应该是人类生存的本能和智慧。所以，人与自然的关系也是生态关系中最重要的关系之一。老祖宗的"天人合一"就是把人类作为自然的一部分，就是人与自然和平共处的理念，这也是效法自然的理念。同时，也可以说，效法自然就是要理解自然资源的生态承载力，理解如何保持自然生态系统的可持续性，探索如何尊重和理解自然生态系统过程、功能、结构、空间格局，设计最合乎自然规律的湿地生态系统。

6.1 效法自然的湿地生态修复

对自然生态系统的理解和尊重是湿地生态系统修复的根本，效法自然的关键就是要保护好自然生态系统。由于数千年的人类活动，已经严重地影响了自然生态系统的存留。当前，大尺度上湿地自然保护区和国家湿地公园是最重要、也是最宝贵的自然生态系统。作为湿地生态系统修复可借鉴自然湿地生态系统作为参照体系，并提出生态修复的目标，比如，生态修复的目标是取得最大的和可持续的生态系统服务价值，或者是永久保护及生态可持续性。换言之，生态修复的目标可以将重点放在保护生态系统的生境和生物多样性，也可以放在保护某个珍贵或濒危的动植物种、保护某种景观空间格局的单一目标上，也可以把修复整个生态系统作为目标。总之，目标必须明确，必须是可实现的，也必须是可检验的。因此，在以自然保护为目的效法自然的湿地设计，应该着重于对生物多样性生境的生态修复和保护。例如，历史上武汉府河湿地是数万只候鸟的栖息地，其中，有国家一级保护动物东方白鹳、白头鹤、遗鸥3种，国家二级保护动物白琵鹭、小天鹅、白额雁等，国家二级保护植物莲和野菱2

种。府河湿地生态修复的目标就是对保护白头鹤、东方白鹳、遗鸥、小天鹅和白琵鹭等珍稀濒危水鸟及水生脊椎动物栖息地的修复和保护，包括保护植物莲和野菱等本地湿地植物的修复，也包括植物种群、岛屿、水深等空间格局的修复。

湿地建设已经是中国生态城市建设、生态文明建设、海绵城市建设、水生态系统修复的重点。而湿地建设最大的挑战是恢复水质、水生生态系统和景观空间格局，这是湿地生态修复成功与否的关键。湿地并不是简单的"水加草"，也不是狭义的"小于6 m水深的区域"。湿地的定义有3个标准，缺一不可：①干湿交织的水环境；②湿地植物（挺水植物和沉水植物）的生境；③湿地厌氧土壤的形成（图6.1、图6.2）。为了人类与自然和谐相处，我们的生态修复应该面向未来、面向自然、面向可持续发展。前提是我们需要了解效法自然的生态修复理念是如何影响生态建设、生态系统恢复、资源保护、景观格局、生态城市建设、生态建筑和社会发展的，以及我们今后的生态保护和通过生态技术或生态工程进行生态系统结构的修复和重建，使其发挥原有的或预设的生态服务功能。

图 6.1　美国佛罗里达艾维格莱湿地（The Everglades）

图 6.2　中国三江源湿地

6.2 效法自然的生态系统修复

效法自然的生态系统修复是将自然与生态系统联系起来的一种方法论，其重点是研究生态系统退化的原因、已退化的生态系统恢复与重建（或改建）的技术与方法，并致力于生态系统的综合整治与恢复，合理构建可持续生态系统的理念。当我们准备效法自然时就应该意识到自然的生态系统都包含什么属性。那么，什么是自然的生态系统属性呢？自然的生态系统第一属性应该是系统的整体性和关联性。流域生态系统、城市生态系统、湿地生态系统、海绵系统、国家自然保护区、国家森林公园、国家湿地公园等，都是生态系统整体性和关联性的概念。

生态系统修复的一个重要举措是"海绵城市"的提出。"海绵城市"建设（伍业钢，2016）推动了城市湿地公园、森林公园和雨水花园的生态系统保护和开发，为城市生态系统开辟了新的城市自然属性（图 6.3）。"海绵城市"是一种生态基础设施，以生态友好的方式被动吸收、过滤并留存城市的降水，从而减少水土流失和污染的地表径流。

图 6.3 "海绵城市"建设中，雨水花园的功能

在"海绵城市"建设中，我们促进了城市湿地公园、森林公园和雨林公园效法自

然的生态建设和修复，这为基于历史和自然地形的城市生态系统带来了新的自然功能和效益。特别是在全球变暖的影响下，我们建议根据每一座城市记录的包含历史极端降水量在内的一定时序的降水数据作为设计湿地面积或水域面积的下限面积，作为扩大城市的湿地面积和水面面积的标准和依据，并将洪水蓄滞区面积设置在该城市总面积的 3% ～ 11% 之间。

"海绵城市"建设的第二项重点是将城市发展的建筑安全标高设置在预计历史极端降水形成的最高洪水线水平之上。我们根据历史和自然地形，在四川省眉山市东坡湿地设计区（面积 13.48 km²）中，按当地历史极端降水形成的最高洪水线，设定城市发展的平均水面高程（M.W.S.E）和安全建设高程（S.C.E）。简言之，效法自然的设计，就是把自然最可能发生的极端状况，用自然的方法，通过科学的设计，消除或减缓其可能对城市或对城市生态系统造成的改变和破坏（图 6.4）。

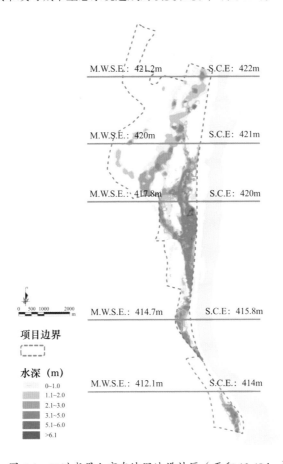

图 6.4 四川省眉山市东坡湿地设计区（面积 13.48 km²）

在效法自然的生态系统修复中，我们会更多地关注乡土植物、动物物种、自然群落结构和空间格局，生物多样性和栖息地以及生态系统边界和面积。通过比较武汉府河湿地生态系统恢复前后生态系统服务价值的单位面积（hm²）的效益当量因子（Effective Factor，EF）的不同，估算规划单位面积的生态系统服务价值带来的生态效益，并针对每个生态系统修复所对应增加的生态系统服务价值评估（谢高地等，2015）。总的效益当量因子从 27.4 万上升到 33.2 万，修复后增加了 21.2%（表 6.1）。

表 6.1　武汉市府河流域修复之前（a）和之后（b）单位面积（hm²）的生态系统服务价值当量因子（EF）的比较

生态服务功能	耕地	林地	湿地	水域	合计	生态服务功能	耕地	林地	湿地	水域	合计
面积（公顷）	608	1 694	921	3 809	7 032	面积（公顷）	436	3 389	1 932	2915	8 672
空气调节	304	5 929	1 658	0	7 891	空气调节	218	11 860	3 477	0	15 555
气候调节	523	4 574	15 749	1 752	22 598	气候调节	375	9 149	33 029	1341	43 894
水源涵养	365	5 421	14 276	77 627	97 689	水源涵养	261	10 844	29 938	59 408	100 451
土壤形成与保护	888	6 607	1 575	38	9 108	土壤形成与保护	636	13 216	3 303	29	17 184
废物处理	997	2 219	16 744	69 248	89 208	废物处理	714	4 439	35 115	52 995	93 263
生物多样性保护	432	5 522	2 303	9 484	17 741	生物多样性保护	309	11 047	4 829	7 258	23 443
食物生产	608	169	276	381	1 434	食物生产	436	339	579	292	1 646
原材料	61	4 404	64	38	4 567	原材料	44	8 810	135	29	9 018
娱乐文化	6	2 168	5 112	16 531	23 817	娱乐文化	4	4 337	10 720	12 651	27 712
（a）当量因子	4 184	37 013	57 757	175 099	274 053	（b）当量因子	2 997	74 041	121 125	134 003	332 166

进行开发设计时，我们也建议采用效法自然的生态系统修复和城市开发，要尊重水、尊重植被、尊重表土、尊重地形地貌。正是基于这种逻辑，中国正在为其所有城

市生态系统推广"海绵城市"建设，将这一概念与"低影响发展"的概念相结合，形成城市的自然空间格局，保护水资源和水环境。城市的湖泊、池塘、湿地、森林、雨水花园和绿色公园等环境的改善为居民创造了适宜的生活环境，并为城市的生态安全做出了贡献。例如，山东省济南市已经完成了250多个海绵工程项目，通过防止水土流失，最大限度地减少雨水径流和最大限度地扩大绿化面积，改善了200多个社区的生活质量和生活环境（Wu et al.，2020）。

6.3　效法自然的生态保护与自然资源的承载力

对效法自然的生态保护而言，就是要处理好人类和人类定义为物质世界的自然资源的关系。许多人将自然视为一种取之不尽的资源。过去40年的经济增长，造成了资源短缺的后果，尤其是水资源短缺已成为中国经济发展的瓶颈。资源短缺可能是由众多因素引起的，包括直接的掠夺性利用、间接的改变环境、超越生态系统容量（承载力）、利用效率低下、缺乏可持续性技术、缺乏资金、造成污染和丧失生态可持续性在内的多种因素的组合。因此，"效法自然的生态保护"意味着我们在处理自然资源时必须考虑并理解所有影响因素和自然资源承载力。

为应对自然环境恶化的危机，中国在2011—2015年的5年时间内投入40 000亿元，在2016—2020年达到43 260亿元，增长8%，加大了重新设计和恢复全国不同生态系统的力度。例如，中国土地沙化面积由20世纪90年代末年均扩展3 436 km²转变为目前年均缩减1 980 km²（Wu et al.，2020），这些生态系统的修复和设计从根本上改变了国土资源的生态系统服务功能和价值。显然，我们赖以生存的生态系统的功能、结构和服务仍然迫切需要保护、恢复、重新设计和投资。"效法自然的生态保护"还意味着我们在处理自然资源时必须考虑并理解所有影响因素以及生态系统和自然资源的承载力。

自然环境承载力是一个多维向量，每种向量包含多种指标，其中一项重要的挑战就是如何界定水域面积和湿地的适当面积，以保护水资源安全、湿地生态系统安全、水质安全，并防止地表径流污染。我们建议用山东省青岛市年度总降水量（775.6 mm）、最大连续降水（269.6 mm）、最大潮汐（5.36 m，高于海平面）、地表径流强度（150 cm/s）和径流模式来界定青岛胶州湾的水域面积、水深、湿地面积和湿地空间格局（图6.5）。一般来说，在森林中，50%的降水将下渗保留在浅层和深层的地下水中，而青岛等城市则仅为15%。为了保护径流水资源，我们新建了一个面积为7.3 km²且水深大于6 m的"金湖"，为青岛市保留了超过2 200万 m³的径流水（图6.6）。当然，在生态保护和生态修复上还必须综合考虑地形、土壤类型、植被类型、城市空间格局、湿地、水生态、水经济、水环境、水污染、防洪、防旱等诸多因素。

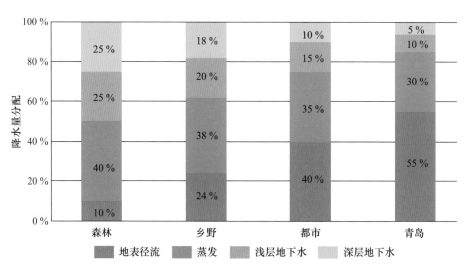

图 6.5　与青岛大城市相比，不同地表降水后地表径流、蒸发和渗入浅层与深层地下水的差异

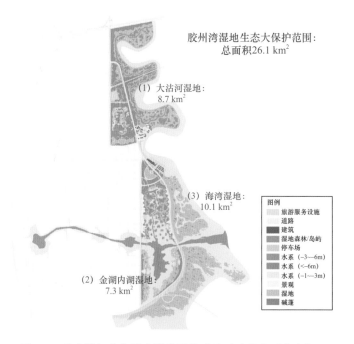

图 6.6　通过模拟地表径流模式设计的胶州湾新湖"金湖"

中国的水资源总量约为 2.81 万亿 m^3，其中地表水资源为 2.71 万亿 m^3，地下水为 0.10 万亿 m^3（Wu et al.，2020），占世界水资源的 6%，排在巴西、俄罗斯、加拿大、美国和印度尼西亚之后，位居世界第六。尽管如此，水资源短缺仍然是中国发展的一个严重的挑战（瓶颈、自然承载力限制）。就所有水资源而言，中国在经济、生态和技术上可用的水资源容量仅为 0.80 万亿 m^3，约占水资源总量的 28%（王浩等，2019）。而中国的人均水资源量约为 2 300 m^3，仅是世界人均水平的 1/4（王浩等，2016）。随着中国经济的发展，中国已经成为世界上用水量最大的国家。仅在 2018年，中国的淡水消费量就达到 0.62 万亿 m^3，占中国可用水资源总容量的 77.5%，约占世界年用水量的 13%，为美国年用水量的 127%。在所有用水中，2018 年的农业用水量约为 0.38 万亿 m^3，占年度总用水量的 61.3%（侯立安，2019）。因此，效法自然的湿地设计就必须首先考虑水资源承载力的限制和湿地对水资源保护的功能和作用。

经过 40 年的快速经济发展，中国面临着严重的环境污染和生态系统退化问题。而环境污染和生态系统退化严重地降低了自然资源的承载力。效法自然的设计就必须尊重和保护自然，把消除环境污染和生态系统退化放在设计的首位。坚持符合自然资源承载力的理念，也是坚持可持续发展的生态文明理念。基于这些理念，中国正在优先考虑自然保护和生态修复，并努力促进绿色发展和可持续发展。这项计划将耗资约 10 万亿元，并为生态系统服务、经济发展、农业发展和社会生活质量带来 40 万亿元的增长（Chen et al.，2017）。绿色是高质量发展的永恒底色，良好的生态环境，是人民对美好生活向往的题中应有之义，也是经济社会可持续发展的基础，中国的可持续发展和生态修复为效法自然的设计提供了一个巨大的平台。

6.4 效法自然与"天人合一"

效法自然与"天人合一"具有相同的哲学思想和生态理念。"天"代表"道""自然""法则"，"天人合一"就是人与自然本性相合，回归自然。天人合一不仅仅是一种思想原则，而且是一种艺术手段。自然是个大花园，人则是花园里的一个小花匠。人和自然在本质上是相通的，故一切人和事均应顺乎自然规律，达到人与自然和谐相处。自然是大生态，自然是大艺术，自然是大和谐，自然也是大美。老子说："人法地，地法天，天法道，道法自然。"说的是"天人合一"的逻辑关系，也是效法自然的生态原则，它将自然中更广泛地融合了美学和社会理解。效法自然就是与自然和谐相处，也是要求我们的生态保护和生态修复面向未来、面向自然和面向可持续发展。

为了面向未来，我们效仿自然、理解自然、遵守自然法则、与自然共存。而未来社会的发展和自然环境的变迁都将对我们的生态保护和可持续发展构成最大的挑战。我们可以不必争论全球变暖是否成立，或者是否会导致全球气温升高 1 ℃或 3 ℃，我们应该更关心极端降水、极端暴风雪、极端洪水、极端干旱、极端寒冷和极端炎热等天气，以及由于局部和区域性冰川融化而导致的海平面和湖水水位上升。人类活动对自然环境的极端有害影响比以往任何时候都更令人担忧，所有这些极端事件与环境污染和资源枯竭相结合，使可持续性变得极为不确定，并使社会和我们赖以生存的环境处于前所未有的危险之中。

效法自然还可以帮助人类面对这些新的极端气候的挑战，帮助我们不断识别和应对所有这些极端条件的可能性和对当地影响最严重的程度。比如湖北荆门，这个区域的年平均降水量为 935 mm，而一次极端降水的连续降水量却高达 873.2 mm，约为年均降水总量的 93%。另一种极端天气状况则是在极端干旱的季节，该区域的湖泊水位可下降多达 6.37 m。为了应对这两种极端条件，我们充分利用原始的地形地貌，按照极端连续降水量 873.2 mm 的模拟雨洪容量，为荆门市爱飞客小镇设计了 1 278 hm^2 的湖泊面积（占总规划面积的 48%）。同时，为了防止极端干旱的影响，我们设计了 20% 以上水深超过 6.0 m 的水面（图 6.7），以应对极端降水和干旱，保证在极端干旱

图 6.7　湖北荆门市爱飞客小镇的设计

的季节也保留一定的水面和水资源。这种成功提示我们，"天人合一"的生态原则是要接受由于人类的影响所造成的"极端天气"对人类的挑战（Wu et al.，2020）。

麦克哈格（Ian McHarg）在一篇文章中描述了乡村和自然环境如何为与疾病和衰老做斗争的人们提供生机和生产的机会。相对比，城市中报告了大多数疾病的病例，城市环境的恶化与乡村环境的宜居形成鲜明的对比。乡村自然环境不仅是生存的资源，也是生存的环境。效法自然要充分考虑到城市建设偏离自然、偏离自然的承载力和可持续性时，所造成的灾难对自然和人类的影响是同时的。有幸我们在中国迎来了"21世纪最大的艺术成就将是恢复美丽乡村建设"这样一个时代。在美丽乡村建设中，我们应该注重发展现代农业、智慧农业和生态农业，提升农业的产值和效益，减少农业污染，提高水资源利用效率，并保证农田景观的生态化和田园美化。农业的发展需要现代有知识、有文化的农民，对农民的教育和培训具有划时代的意义，农民的收入和小康生活水平将得到保障，农民应该成为受人尊重和羡慕的身份。现代农业的发展和新一代的农民成长，将促进农村的现代化改造、加速农村的基础设施建设，农村应该成为人们向往的"世外桃源"。按照这些现代农业、农民、农村的理念和追求，我们在福建省建瓯市北津河流域的美丽乡村和乡村振兴设计中进行了充分的发挥。

北津河流域位于中国最美丽的世界遗产保护区——武夷山国家公园以南约100 km处。这个区域也是中国哲学家朱熹讲学和生活的地方。我们把美丽的山水自然景区与乡村田园康养有机地结合，并与"理学宗师"朱熹的"朱子康养山庄"相呼应，创建了16个"朱子康养山庄"（图6.8）。在16 km的流域中，我们还保留了超过400 hm²

(a) 美丽乡村建设   (b) 朱子康养山床   (c) 保护农田景观

图6.8   福建建瓯北津河流域设计

的农田，并将其转变为高价值的三农产业，以帮助农民致富。我们要求重新修复所有村庄，增加生态基础设施、美化景观建设、建设废水处理设施和制定废物管理计划。同时，我们沿河打造了超过 200 hm² 的湿地，以保护水质和提升水系自净化功能。北津河超过 100 m 宽的水道，将建设成为全国水上运动训练基地和水上运动比赛场地。效法自然的"天人合一"的另一重要理念是对自然环境经过上万年所形成的土壤和耕地的保护。我们尤其应该保护非常珍贵的"有机农业土壤"，这是优化有机农业的重要保障，也是我们对保护农业用地、保护有机农业土壤、建设美丽乡村的重要承诺。

我们认为，美丽乡村建设不仅可以保护自然、资源、文化、景观、乡村、田园、绿水、青山，还可以创造利润。该项目预计投资约 52 亿元，年净利润可达 35 亿元。因此，效法自然的"天人合一"还可以兼顾自然生态系统用地和乡村发展用地的土地利用目标；平衡自然生态系统服务价值和乡村"无形资产"的"收益"和"损失"。效法自然的"天人合一"可以实现美丽乡村发展与自然生态系统保护的互惠互利和可持续性。

7

生态关系与生态城市

生态城市首先应该是水生态文明城市，而水是生态文明城市的动脉。我们定义了水生态文明城市建设的 6 条标准。这 6 条标准包括：水生态安全、水环境保护、水资源可持续、水景观美好、水文化传承、水经济繁荣。水生态文明建设是生态城市基础建设的关键，水生态文明是以水资源环境承载力为基础，实现人与自然水系和谐共生、城市与水系的良性循环和可持续发展。因此，所谓生态城市也就是以水流域资源、自然资源、地形资源、植被资源、气候资源等生态资源承载力为本底，实现人与生态资源的和谐共生、经济与生态资源的可持续发展、社会与生态资源的良性循环、城市基础设施及空间格局与生态资源的相互吻合；并以可持续发展为目标的资源节约型、环境友好型城市。

关键词

生态城市、生态文明、可持续性、智慧城市、节能低碳、产城融合、"绿色建筑"、"绿色设计"。

生态城市建设的目标就是要把握城市发展的限制因素，调整好城市发展的各种生态关系，让城市有一个可持续发展的明天、一个繁荣兴旺的未来。生态城市建设的核心永远是实现生态效益、经济效益、社会效益的最大化和可持续性。

7.1 生态城市建设的理念

作为生态学者，我们时刻都在拷问自己，什么是生态城市？为什么需要生态城市？如何建设生态城市（理念和技术）？生态城市的标准是什么？

生态城市无疑是生态可持续的城市。而城市的可持续建设就必然要充分了解城市发展的生态承载力，即限制因素或"瓶颈"；更应该把握好城市发展过程中的各种生态关系。

7.1.1 水生态文明城市建设

水是生态文明城市的动脉。我们定义了水生态文明城市（图7.1）建设的6条标准。这6条标准包括：水生态安全、水环境保护、水资源可持续、水景观美好、水文化传承、水经济繁荣。水生态文明建设是生态城市基础建设的关键，水生态文明是以水资源环境承载力为基础，实现人与自然水和谐共生、城市与水系的良性循环和可持续发展。因此，所谓生态城市也就是以流域水资源、自然资源、地形资源、植被资

图 7.1　水生态文明城市——济南

源、气候资源等生态资源承载力为本底，实现人与生态资源的和谐共生、经济与生态资源的可持续发展、社会与生态资源的良性循环、城市基础设施及空间格局与生态资源的相互吻合；并以可持续发展为目标的资源节约型、环境友好型城市（伍业钢等，2018）。

建设水生态文明城市，为什么说应该把城市"圈"起来而不是把水"圈"起来（图7.2）？我们知道，农耕文明时期，水系是自然的水系，是人类赖以生存的水系，人们依水而居，城市依水而建，水系是交通的纽带，是经济发展和繁荣的廊道和载体，人与水关系密切，人和水是自然的共存关系。工业文明时期，水系是工程的水系，是人类企图征服水的时期，是掠夺性利用水资源的时期，更是疲于奔命的防洪、防涝、防旱的时期，人类筑起钢筋水泥大坝防洪，水系被截弯取直泄洪排污，岸线硬化，人与水成为剥夺和被剥夺的矛盾关系。生态文明时期，水系是生态的水系，是城市的血脉系统，是城市社会、经济、文化、生态的复合功能综合体，人尊重水、亲水、保护水的自然属性、保护水质、提高水的利用效率、实施污水处理和再生水利用，水系成为城市的开发空间、景观空间，水系提升城市的宜居品质和城市的品位，人与水是共生的永续和谐的生态系统关系（俞孔坚，2019）。

(a)

(b)

(c)

图7.2　不同时期人类与水的关系演变
（a）农耕文明时期（b）工业文明时期（c）生态文明时期

以往的城市建设是让水按人们的意志改道、截弯取直，改宽阔的河漫滩为狭窄的河床和两边高堤岸。更有甚者围湖造城，或在百年洪水线（洪泛区）内建城。造成"城市看海"、洪水威胁、干旱灾害、环境污染等众多的灾难。

生态城市要求城市空间优先考虑水系的自然格局，城市应顺应水系格局而建。城市建设应该避开按年均和历史最大连续降水量区划百年一遇洪水淹没区，并将淹没区用于湿地公园建设、水系建设、农用地建设，给洪水留有足够的空间。

生态城市就是要求将城市建设在最大洪水线的安全高程之上，既保证了城市防洪、防旱、防内涝的功能，又实现了城市中临水而居的宜居环境。因此，城市防洪、防旱、防内涝的建设及城市临水而居的宜居环境建设是生态城市建设的关键要素，也是生态城市建设的重要理念。我们反复呼吁，要将城市发展的建筑安全标高设置在预计历史连续极端降水的最高洪水线水平之上。简言之，生态城市建设就是用自然的方法，通过科学的设计，消除、减缓、避开自然最可能发生的极端状况可能对城市或对城市生态系统造成的改变和破坏。

7.1.2 生态城市建设的理念和技术

生态城市建设的理念和技术对当前中国新型城镇化的建设具有非常重要的生态学指导意义。新型城镇化，新在哪里？新型城镇化应该：新在生态基础设施、新在可持续性、新在智能城市、新在节能低碳、新在产城融合、新在宜居宜业、新在根植于文化、新在现代建筑、新在合理的空间格局、新在与周边环境的融合、新在天际线的美丽、新在城市的多样性、新在城市按特色小镇组团式的扩展。

可喜的是中国的新型城镇化伴随着特色小镇的建设。生态城市建设追求城市的多样性、唯一性、特殊性。每一个城市都是一个新的创作，都要融入当地独特的自然、气候、文化、历史、产业、人文、社会，不能千城一面。

新型城镇化的生态城市建设离不开生态基础设施。我们推荐的生态基础设施建设指标包括：海绵城市、生态水系、绿色交通、绿色建筑、绿地景观、管囊系统、给排水及污水处理厂、步行道、自行车道、垃圾桶及垃圾回收处理、路灯及智慧标识、低碳及清洁能源、水面率、绿地率。生态基础设施建设已经成为生态城市建设中，最有技术含量和创意的建设内容。

没有产业自然也不会有城市，也就没有生态城市设计。因此，生态城市建设第一要素应该是产业的布局，新型城镇化也新在产城融合的生态城市。未来生态城市建设和发展应该协调所导入的产业和产城融合。产业导入除了传统工业、新兴工业、转型工业，还包括了农业的产业化和农村的美丽乡村建设以及城镇化生态基础设施建设。产业的类型、产业的空间格局、产业的经济效益和可持续性是生态城市建设最大的挑战。

生态城市建设除了把农业作为产业设计的一部分，也同时把旅游业作为产业的一部分，作为产城融合的总体，或称旅游综合体。我们还尝试把需要花巨资的矿山生态修复，引入产业和旅游综合体，使之成为赢利的项目；把负资产的矿山废弃地通过生态修复，打造成为正资产的旅游产业综合体。使生态城市建设成为真正意义上可持续经济的创新杰作。

7.1.3　以人为本的生态城市建设

生态城市建设就应该以人为本，也同时应该以生态为本。城市设计应该既能满足人类的各种需求，又可持续发展。但是在城市发展的历史上，直到出现了大量无序的城市扩张和"摊大饼"式的发展，破坏了城市的生态环境，人们才开始反思城市建设应当统筹考虑其他方面，考虑生态城市的发展。生态城市设计是以生态本底为基础，可持续地满足人类发展需求（生态的、经济的、社会的），也是生态、产业、空间共融共生的结果（图7.3）。从某种程度上讲，生态保护和经济发展及空间承载力有一定的矛盾，人类一直孜孜不倦地在三者的博弈中寻求一个平衡点。

图 7.3　都市化"钢铁森林"的扩展

当生态、空间、产业格局相契合时，即可实现生态效益、经济效益和社会效益在内的综合效益最大化。在追求综合效益之后，我们又要去寻求城市的精神和灵魂，人与环境是相互影响的，城市的时间与空间格局反映和影响着人类发展：当布鲁诺因支持日心说被烧死在罗马鲜花广场，我们很难说空间只是冷冰冰的建筑围合起来的，因为空间不但记载和见证了历史和发展，也飘扬着伟大的思想和永恒的灵魂。我们本着对自然、对城市、对人类的敬畏，将这样的规划思想融入每一项城市建设当中，希望能够满足生态城市可持续发展的需要（图7.4）。

每一个生态城市建设都包含了经济要素。难道是因为英语中生态学"Ecology"和经济学"Economy"都含有"Eco"的原因？如果"Eco"可以理解为"家园经济"，

图 7.4   大连人民广场

那么，"城市生态"和"城市经济"在某种意义上就是互通的。生态城市建设就不可能忽视经济发展。

　　人类美好的居住环境是无价的，因此被称为"无形资产"。这种"无形资产"的自然环境给社会带来的福祉是可以量化的。因此，某一地区的居民可以为该地区的风景和宜居环境赋予价值，其中也包括历史建筑、公共集会场所和绿地。例如，高速公路更可能建在社会价值较低的地方，因此，社会价值较低的地方也就更容易受到污染。交通基础设施创造了新的价值，尽管这些价值可能对经济有利，但同时会破坏某个社区的美景和宜居环境，并使道路或铁路两边的生态系统隔断、隔离、破碎化，从而影响自然生态系统服务价值，也降低了社区的"无形资产"。自然生态系统服务价值和社区的"无形资产"融合了，生态城市建设就是将人与自然融为一体的基本理念的体现。对于海边的城市，这种与大自然融合的生态关系可以表现为建立一条沿海岸线的弯弯曲曲的、沙丘高低起伏的景观道路。这样一条道路，可以达到在为社区提供海景和美学欣赏功能的同时，保护海滩海涂地形地势、保护植物种群和野生动物种群的生境，也免除海浪对城市的侵害，达到"与自然和谐"的效果。这应该是生态城市的定义：生态与城市的和谐发展、绿色发展、可持续发展，也是生态城市发展的目标和原则。

7.2 "天人合一"的生态城市建设

生态城市是生态健康的城市、可持续发展的城市、节能城市、低碳城市、智慧能源城市。生态城市是一个城市生态系统，其结构和功能可以自我维持并具有弹性（即生态可持续性）。世界银行（2018 年）将生态城市定义为"通过综合的城市规划和管理，利用生态系统的优势并为子孙后代保护和养育自然资产，从而增进公民和社会福祉的城市"（Antuña-Rozado et al., 2018）。因此，保护城市中人类安全的法律法规的要求也应该适用于维护自然环境的安全，以及城市空间格局天人合一的理念，降低城市对环境的影响（热岛效应），建设宜居城市（图 7.5）。

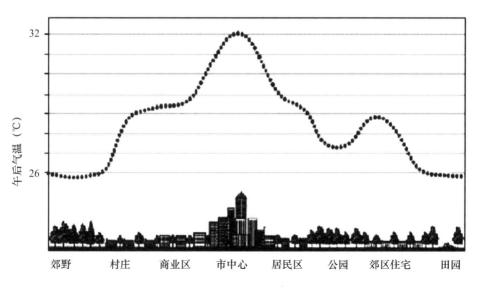

图 7.5 城市空间格局与热岛效应示意

在生态城市发展方面，中国承诺采取两项主要行动：第一，生态文明建设，即充分了解城市及其环境与资源的承载力，要求发展的可持续性；第二，"海绵城市建设"，将城市景观形象化为吸水海绵，以达到雨水就地下渗、保护雨水资源、防止面源污染和打造宜居环境等目的（伍业钢，2016）。我们根据青岛市海绵城市体系构建目标，在李哥庄空港新城进行海绵城市绿色基础设施的总体布局。设计实现绿地率超25%，水面率超 13%（图 7.6），具体实施包括：新建道路两侧绿带、公园绿地，城市广场因地制宜采取透水型铺装，新建雨水花园、下沉式绿地、植草沟等分散式消纳和集中式调蓄相结合的低影响开发设施，从而增强公园和绿地系统的城市海绵体功能，消纳自身雨水，为滞蓄周边雨水提供空间，效法自然构建城市海绵型绿地系统。

图 7.6 青岛市李哥庄空港新城海绵城市绿色基础设施总体布局

1982 年，中国开始接受城市生态学的概念。但是中国真正的生态城市发展始于 2003 年，其决议是使京津都市圈成为城市生态系统。该决议由国际环境问题科学委员会（Scientific Committee on Problems of the Environment，SCOPE）、国际科学理事会（International Council for Science，ICSU）、人类生态学会（Society of Human Ecology，SHE）、国际生态工程学会（International Ecological Engineering Society，IEES）、国际生态学会（International Ecology Society，INTECOL）的代表于 2002 年 8 月 18 日至 23 日在中国深圳举行的第五届国际生态城市会议上发起，并构建了生态城市（Eco-City）和国际城市与区域规划学会（International Society of City and Regional Planners，ISOCARP）。国际生态城市发展理事会（International Council on Ecopolish Development，Inteopolis）成立于 2006 年，此后一直都采用生态视角观察中国的城市化和环境问题（Marten，2001）。

2015 年，中国从地级以上的 284 个城市中评选了十大生态城市：珠海、厦门、舟山、三亚、天津、惠州、广州、福州、南宁和威海。根据案例研究，预计到 2030 年中国的城市化率将达到 70%（图 7.7，Wu et al.，2020），生态城市的建设将在中国得以稳步推进。因此，生态城市是中国城市化发展的可持续模式，它将经济和社会关注

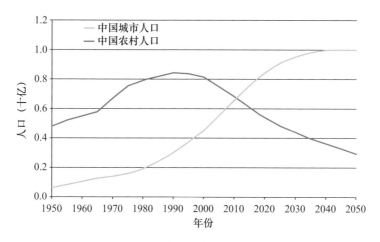

图 7.7 中国的城市化趋势

点与自然、信息以及能源和资源的有效利用相结合，以提供宜居的城市环境和优质的家庭生活。中国作为以生态城市发展为国家战略的国家，将开始兴起"森林城市"或"生态城市"的设计和开发。可以想象，这样一座城市将完全以可再生能源为基础，种植 40 000 棵树木，每年吸收近 10 000 t 的 CO_2 和 57 t 的污染颗粒物（Wu et al.，2020）。这也许就是某种效法自然设计理念的"生态城市"。

7.3　淮北生态城市建设

本节以安徽省淮北市的生态城市设计案例为例介绍生态城市建设。煤炭业一直是淮北市的经济引擎，也是目前淮北的城市发展面临的挑战。过去 50 年的累积开采和煤炭生产，为这座城市和中国的发展做出了巨大的贡献，同时也导致约 30 km² 开采面积的地表塌陷区，造成对生产和生活的危害与环境恶化。在城市化和生态城市发展中效法自然的设计，让淮北市正在经历一场巨大的变革，其中，除了自然、资源、生态、城市，还包含了城市的文化、历史和环境变迁的考量。我们为淮北市展现了一个新的生态城市的发展模式，并开创了一个融合资源和产业转型的城市综合体的设计，将 30 km² 的采煤塌陷区设计为相似于自然水系湖泊的江南水乡，融合古运河的历史财富、水岸新城、水系生态系统、水资源、能源、智慧交通、水上产业、水娱乐等功能（伍业钢等，2018）。通过我们的生态城市设计，把 30 km² 采煤塌陷区的负资产，转换为 30 km² 的生态新城正资产（图 7.8）。因此，生态城市建设也是把负资产转变为正资产的生态理念。

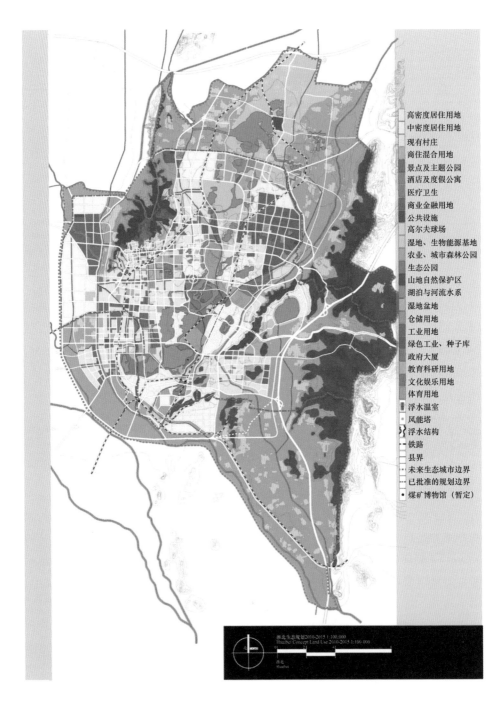

图 7.8 效法自然的生态城市设计的淮北市 30 km² 的采煤塌陷区

为了实施淮北市的生态城市建设（伍业钢等，2018），我们充分整合生态城市的五大要素：能源、食品、交通、固体废弃物和水资源。

（1）能源对于生态城市的经济发展和成功至关重要，我们优先考虑水电（塌陷的湖泊低水头水力发电）、生物质能、热电、风能和太阳能。

（2）安全食品必须是当地的食品，我们优先考虑保留农田，发展和推广都市农业、高产温室、屋顶农业，在塌陷的湖面上发展漂浮的温室农业、水培农业，以及在现有结构和新结构上的立体农业。

（3）最好的交通方式是使人们生活在工作方便的地方，就地上班和步行上班。我们优先考虑利用现有的轨道，发展轨道交通。同时打破传统的城市环路改为发散型城市路网，并与外部高速路连接，并综合设计道路、自行车道、步行道、线性公园、线性运动公园、城市景观道路等。结合轻轨和重轨以及空中和水路系统，形成三维智慧交通系统。

（4）固体废弃物管理和固体废弃物资源化利用对于城市卫生和居民健康，以及城市的高效运转和可持续发展至关重要。这应该归结为公民行为（正确处理垃圾和回收利用）、工业回收利用、废物变能源、建筑材料再利用，以及住宅和公共土地堆肥等具体实施的可行性。

（5）水资源和水系是采煤塌陷区负资产转变为正资产的重要因素。我们致力于综合考虑淮北市的森林、湖泊和湿地作为水资源的融合，以及城市生态系统与自然生态系统的融合设计。在管理径流水、上游污水和城市废水时，我们始终致力于通过沉降的湖泊、湿地和生物保护区进行水系自净化系统的自然过滤和净化。

为此，我们将 30 km² 的塌陷区（图 7.9b）变成了湖泊、湿地和水生态系统保护区（图 7.9c），从根本上改变了淮北的地貌和大地景观，将淮北从一个"干枯"的缺水城市（图 7.9a）变成了一个临水而居的类似江南水乡（图 7.9c），更为重要的是将劣 Ⅴ 类水水系变成具有自净化功能的 Ⅲ 类水水质的水生态系统。

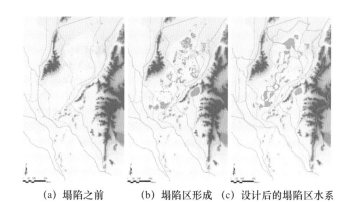

　　（a）塌陷之前　　（b）塌陷区形成　（c）设计后的塌陷区水系

图 7.9　淮北市 30 km² 采煤塌陷区的设计

7.4 效法自然的绿色建筑设计技术

"绿色建筑"，也被称为"生态建筑"、"可持续建筑"或"绿色设计"，不仅巧妙地利用自然资源，而且为我们带来了一种新的生活理念，以及"效法自然的设计"的技术和重要手段。目前，绿色建筑在中国引起了广泛的关注。除传统建筑的自然元素外，可持续发展的理念和节能将成为绿色建筑设计或绿色设计的重要概念。生态建筑设计一直是绿色建筑设计的理论基础、科学原则和技术风格。其主题可能贯穿于整个建筑设计过程，包括指导项目可行性论证、环境影响评估、建筑设计、建筑建设、运营管理、建筑材料选择和回收等。

人们认为，绿色建筑的第一个案例是 20 世纪 70 年代在美国明尼苏达州的能源危机期间建造的。即当时所谓的"衔尾蛇式建筑（Ouroboros architecture）"，是按照生态原则建造的，通过减排、低碳等具体设计，将建筑对环境的危害降至最低。20 世纪 90 年代，英国建立了第一个绿色建筑环境评估方法。美国在建筑的能源和环境设计方面发挥了领导作用，于 1998 年建立了绿色建筑评级体系。随着城市化的迅速拓展，中国于 2006 年开始建立绿色建筑的评估体系，使绿色建筑符合对环境无害的标准。在设计、建造、使用和拆除过程中，充分考虑到将对环境影响降到最低的一整套环评标准。到 2030 年，中国的绿色建筑估计将达到 15 亿 m^2。为了实现这一目标，建筑业致力于实现高效率、节约能源，以及生产和建设中更多地使用天然、可回收和无污染的建筑材料。绿色建筑为我们带来了绿色生活的新概念，并体会到了绿色建筑融合自然的美丽，为我们生活带来新的自然艺术。所以，绿色建筑设计也可以称为生态可持续建筑设计。它在不污染环境的情况下为人类提供了现代的生活和工作空间。绿色建筑不仅可以减少能源消耗，还可以减少固体废弃物、净化空气、保护自然资源和环境，并极大地改善居民的生活质量（伍业钢等，2018）。

绿色建筑设计是麦克哈格（Ian McHarg）的"效法自然的设计"的重要部分。绿色建筑设计以不断提高的城市生活质量来激励和鼓励社区建设，与此同时保护宝贵的自然资源和自然生态系统。绿色建筑设计将久经考验的设计技术和建筑技术与创新进行融合，激发设计师和建造师的创造力，从而产生一种绿色建筑的技术路线和方法，可最大限度地减少建筑项目对人类健康和自然的有害影响。当我们在四川邛崃市做"川西竹海自然保护区"的设计时，绿色建筑设计意味着从当地森林和竹林中选择竹子等材料作为建筑材料，这是保护自然、充分利用当地自然资源，也是对水、地形、植被、土壤等自然资源的保护，更是对当地历史和文化的传承。图 7.10 是我们追崇的自然竹林、传统竹屋和旅游公园的竹建筑庄园（Wu et al.，2020）。

自然竹林

传统竹屋

旅游公园的竹建筑庄园

图 7.10 四川省邛崃市"川西竹海自然保护区"的设计

绿色建筑、绿色材料、碳中和是生态城市新发展理念的具体实施路线，发展绿色建筑有利于推动相关产业转型升级，重塑生产和生活方式，对于实现生态城市和可持续发展至关重要。综上所述，我们归纳了生态城市的 10 条标准，理想的生态城市经常被描述为满足以下要求的城市：

（1）屋顶绿化，或者采用太阳能屋顶。

（2）以自给自足的经济运作，在当地获取资源。

（3）使用和生产可再生能源等技术，完全实现碳中和。

（4）建立在精心规划的城市布局之上，以促进步行、骑自行车和使用公共交通系统。

（5）通过最大限度地提高用水效率和能源效率来促进资源节约，同时管理对生态有益的废物管理系统，促进回收和再利用，以创建零废物系统。

（6）恢复受环境破坏的城市地区、修复棕地。

（7）确保为所有社会经济和种族群体提供体面和负担得起的住房，并改善弱势群体的就业机会。

（8）支持当地农业和农产品。

（9）有利于城市未来的发展和扩展。

（10）确保城市的生态效益和经济利益，实现零排放等远大目标。

我们还应该认识到，未来城市必然是智慧城市和生态城市的完美融合（图 7.11）。随着生态城市发展框架和标准概念的日益普及，在过去的几十年中，全球范围内建立的生态城市的数量呈指数级增长。为了评估这些生态城市的绩效并对未来提供指导和示范，由理查德·罗杰斯特（Richard Register）的生态城市建设者（Ecocity Builders）和不列颠哥伦比亚技术学院（BCIT）建设与环境学院共同建立的生态城市框架和标准倡议（EFSI）提供了一种切实可行的方法，以确保朝着实现生态城市的预期目标迈进。此框架中的四个主要支柱包括以下几个方面：

（1）生态城市设计（包含自然生态系统与城市生态系统的融合、空间格局、社区

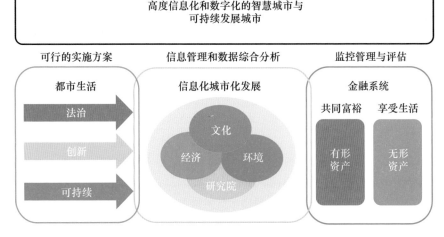

图 7.11　未来城市必然是智慧城市和生态城市的完美融合

发展、天际线、城市交通、智慧城市、数字城市、信息城市等）。

（2）生物地理物理特征（包含对资源和材料负责任管理以及清洁和可再生能源的产生和使用）。

（3）社会文化特征（包含促进文化活动和社区参与）。

（4）生态与环境要务（包含维持和恢复生物多样性）。

借助这些框架和标准，国际生态城市倡议最近在全球规划和实施的不同阶段确定并评估多达 178 个重要的生态城市计划。尽管这些计划的规模和概念基础都表现出很大的差异，但是自 21 世纪以来，国际上城市可持续性指标框架和旨在不同背景下实施的过程不断拓展。这可能表明生态城市的"标准化"进程正在实施当中。

目前，由于新型冠状病毒的流行，对于未来城市的发展，波士顿咨询公司（Boston Consulting Group，BCG）根据所在城市的现状提出了 7 点建议（BCG，2020），以适应新的城市发展要求（图 7.12）。

（1）可持续发展城市：实施绿色交通和公共交通、增加城市开阔公共绿地、发展立体农业、维系城市低碳生态系统。

（2）包容和谐的城市：改善城市居住条件、让民众买得起房子、改善城市服务基础设施、增加便民服务。

（3）可持续城市基础设施和管理：保障即时数据追踪管理，优化城市管理的智能监控系统，建立智能气候调节基础设施，模拟应对极端气候的智能决策。

（4）15 分钟相隔距离的居住：弘扬超级本地化概念，建设商住办公混合的便捷服

可持续发展城市：
· 绿色交通和公共交通
· 开阔公共绿地和垂直农业
· 低碳生态系统

包容和谐的城市：
· 改善城市居住条件和买得起房子
· 改善城市服务和便民服务

可持续城市基础设施和管理：
· 即时数据追踪管理
· 城市管理的智能监控系统
· 智能气候调节基础设施
· 应对极端气候的智能决策

15分钟相隔距离的居住：
· 超级本地化概念
· 商住办公混合和便捷服务设施
· 15分钟步行或轻便交通工具距离内获取日常所需服务

数字化的公共服务：
· 城市公共服务网络化
· 网络安全保障和决策透明
· 城市公共服务使用即时数据

增加户外活动和公共活动空间：
· 将户外活动空间作为城市中心
· 将休闲、集会、交流等更多的公共活动安排在户外

联结郊区和城市的生态系统：
· 智能化和数字化的联结
· 鼓励当地经济的蓬勃发展
· 智能化的基础设施和管理
· 智能化的便民服务

图 7.12　波士顿咨询公司根据所在城市的现状提出的 7 点建议

务设施和建筑，15 分钟步行或轻便交通工具距离内获取日常所需服务。

（5）数字化的公共服务：促进城市公共服务网络化，保障网络安全和决策透明，实施城市公共服务使用即时数据。

（6）增加户外活动和公共活动空间：将户外活动空间作为城市中心，将休闲、集会、交流等更多的公共活动安排在户外。

（7）联结郊区和城市的生态系统：增强智能化和数字化的网络联结，鼓励和促进当地经济的蓬勃发展，实施智能化的基础设施和管理、保障智能化的便民服务。

8

流域生态系统修复和保护的生态关系

流域内大大小小的汇水空间形成了流域景观，流域景观包括不同的景观空间格局，比如：河流景观、湖泊景观、湿地景观、森林景观、农业景观、城市景观等。研究流域生态系统，就是研究流域生态系统的生态承载力、生态关系、动态变化、生态系统过程、生态系统功能和结构，以及生态可持续性。研究流域景观就是研究流域景观的空间生态承载力、空间生态关系、空间格局、空间动态、空间生态过程、时空尺度，以及流域生态可持续性。流域生态系统修复目标必须很明确，且具有可检验性，还要有预算方案及可行性研究报告。流域生态系统修复与流域生态系统健康息息相关，之所以需要生态修复，是因为人类活动使流域生态系统偏离了生态系统健康的轨道。

关键词

流域生态系统、生态修复、空间生态承载力、空间生态关系、空间格局、空间动态、空间生态过程。

流域（Watershed）是陆地河流水系地表汇水面积内所有生态系统的统称。长度包括河流源头到出海口，流域水系包括主河道以及所有大小的分支，流域总汇水面积包括大大小小支流的汇水面积总和，这些流域之间被"分水岭"（山脊或波峰线）所分开。大大小小的汇水面积形成大大小小的流域，即是大大小小的生态系统（比如河流生态系统、湖泊生态系统、湿地生态系统、森林生态系统、农业生态系统、城市生态系统等），也称之为流域生态系统（Watershed Ecosystem）。流域内的汇水空间面积形成流域景观（Watershed Landscape），流域景观包括不同的景观空间格局（比如河流景观、湖泊景观、湿地景观、森林景观、农业景观、城市景观等）。研究流域生态系统，就是研究流域生态系统的生态承载力、生态关系、动态变化、生态系统过程、生态系统功能和结构，以及生态可持续性。研究流域景观就是研究流域景观的空间生态承载力、空间生态关系、空间格局、空间动态、空间生态过程、时空尺度，以及流域空间（景观）生态可持续性。

8.1　流域生态系统修复与水质安全

流域生态系统修复目标必须很明确，而且要具有可检验性，还要有预算方案及可行性研究报告。20世纪90年代，美国纽约市为了满足日益增长的城市建设和市民用水需求，纽约市政府计划做出60亿～80亿美元的预算用于水厂的建设，并另需每年5亿美元的运行费用。这对纽约政府是不小的财政压力，而且存在建设周期长、拆迁纠纷多、运营维护成本高等诸多不确定因素及风险。政府与流域生态学家经过反复研究和论证，决定通过流域生态修复的具体举措，保证流域内水系湖泊的水质达到Ⅰ类水的水质标准的生态修复目标（图8.1）。具体工程包括以下几个方面：

（1）上游河流水系的生态修复、水岸林和湿地的保护、河流自然形态的保护。

（2）流域内饲养业污染的控制、畜牧场排泄物的利用及有机肥的生产；畜牧场周边植被的保护，全面防止面源污染。

（3）流域植被的恢复，森林、草地、湿地的恢复，实现对农业污染的削减与断绝。

（4）消除各种工业和城镇的点源污染。

（5）教育公众，提高保护水资源安全，保护水质人人有责。

生态学家和政府管理者共同创建了有效的流域生态修复解决方案，由于综合考虑了整个流域不同的生态系统和许多利益相关者的诉求，最终该生态修复工程仅用了14亿美元实现了流域水系Ⅰ类水水质，事实证明这些生态修复的方案是成功的。流

图 8.1　美国纽约市流域生态系统修复，提高水质安全

域内经过逐级自然净化的水直接进入了城市供水管道，在进入千家万户前只需加氯消毒后便可直接使用。政府节省了开支，城市居民喝上了流域生态安全水，实现了共赢（图 8.2）。

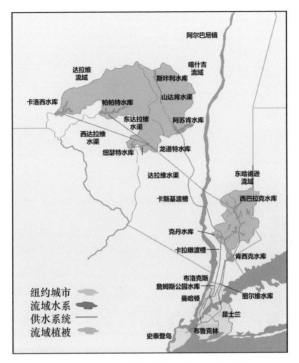

图 8.2　纽约市流域水系（Ⅰ类水）直接调水
进入城市供水系统

　　为了确保成功进行水质安全保护和流域生态系统安全保护，纽约市政府实施了一个称为"流域生态系统管理"的 5 步循环：研究流域生态系统动态和水质动态—实施具体的流域生态修复和生态保护—即时监控流域生态系统状态—持续评估流域生态系统状态—严防突发事件及系统和空间的综合管理（图 8.3）。

图 8.3　纽约市政府实施的"流域生态系统管理"5 步循环

8.2　流域生态系统修复与生态系统健康

　　流域生态系统修复与流域生态系统健康息息相关。之所以需要生态修复，是因为种种原因导致人类活动使流域生态系统偏离了生态系统健康的轨道。美国国会于1992年批准了美国陆军工程兵团（United States Army Corps of Engineers，USACE）和南佛罗里达水管区（SFWMD）提议的基西米河（Kissimmee River）流域生态修复工程。该项目于2020年完成时，恢复了120多km²的河漫滩生态系统，包括近8 000 hm²的湿地和74 km长的历史河道（图8.4）。

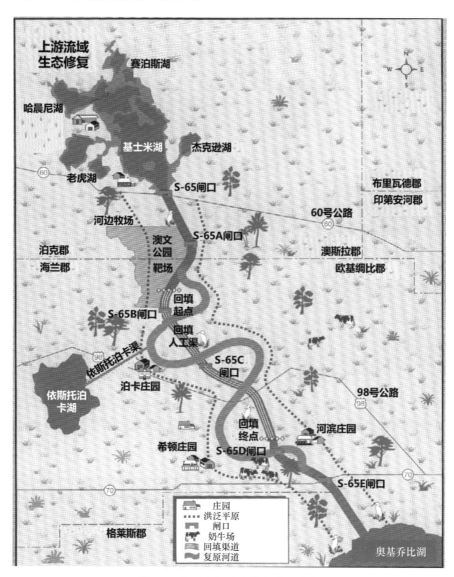

图 8.4　基西米河流域生态系统修复

1944年以前，基西米河曾经在美国佛罗里达州中部蜿蜒173 km，从奥兰多（迪士尼的城市）到奥基乔比湖（Lake Okeechobee）。其洪泛平原宽达 3.6 km，长期被季节性大雨淹没，那里生长、生活着湿地植物、涉水鸟和鱼。长时间的洪水对人类居住、生产、活动造成了严重影响，因此美国佛罗里达州要求美国国会提供援助。美国国会责成美国陆军工程兵团在 1962 年至 1971 年之间，将基西米河切开，挖掘成一条深 10 m、长 37 km 的排洪渠道，称为 C-38 运河。该工程历时近 10 年，花费 9.7 亿美元，美国陆军工程兵团将 173 km 长的自然河流取直为 136 km（图 8.5）。

图 8.5　基西米河开掘运河、取直河道的防洪工程

该项目起到了减少洪灾的作用，但同时也损害了河漫滩的湿地生态系统和水岸生态系统，导致鸟类等野生动物生境遭到严重的破坏。湿地的消失使流域生态系统失去自净化功能，生态系统严重退化，水系污染，水质恶化，还污染了奥基乔比湖、墨西哥湾和大西洋海湾，当地的居住环境和生产环境也受到严重影响。

美国国会于 1992 年批准了美国陆军工程兵团和南佛罗里达水管区提议的基西米河流域生态修复工程。1993 年开始至 1998 年经过广泛的研究和规划，基西米河于 1999 年开始了生态恢复建设。该项目于 2001 年完成了基西米河流域下游的一期工程，2010 年完成一期工程，恢复了自然河段的弯曲。2020 年完成第二和第三期工程，包括回填 37 km 的 C-38 运河，以及恢复该河 74 km 的弯曲河道，并完成基西米河恢复所需的约 99% 的土地收购，总计 4.1 万 hm^2，其中 3 500 hm^2 的洪泛区得到恢复（图 8.6）。

自然生态系统恢复和生境恢复的反应大大超出了预期，河流及其洪泛平原得到了显著改善。当地出现了许多种类的鸭子和涉水鸟，其中环颈鸭、美国长嘴鳄和黑颈高跷这些物种在施工前的调查中都是不存在的。另外，湿地植物在洪泛地区蓬勃生长，

图 8.6　基西米河蜿蜒弯曲的自然河道

包括箭头草和卡罗来纳州的柳树等。河底的有机沉积物减少了 71%，重建的沙洲为水鸟和无脊椎动物提供了生境，水系溶解氧的提高对于鱼类和其他水生动物的长期生存至关重要，水生生物的数量增加了 6 倍。长腿涉水鸟种群中大白鹭、白鹭和小蓝鹭的数量明显增加（图 8.7）。

图 8.7　基西米河（Kissimmee River）流域生态修复工程完工后的自然湿地和生境恢复

为了基西米河流域生态系统修复的成功，美国陆军工程兵团和南佛罗里达水管区整整花了 28 年（1992—2020 年），并付出了 38.4 亿美元的代价。

这 28 年（1992—2020 年）中的 38.4 亿美元的投资和修复工程，可以按年份细分为：

（1）美国国会于 1992 年批准了美国陆军工程兵团和南佛罗里达水管区提议的基西米河流域生态修复工程。提出恢复 120 多 km² 的河漫滩生态系统，包括近 8 000 hm² 的湿地和 74 km 长的历史废弃河道。

（2）1993 年至 1998 年，经过广泛的研究和规划（生态修复：修复什么？可检验的目标？生态修复技术？工程预算？进度和验收？）：每年研究规划经费 1 000 万美元，6 年，共 0.6 亿美元。

（3）1999 年开始了生态恢复建设。2001—2010 年完成基西米河流域下游的一期工程：恢复了自然河段的弯曲（长 74 km、宽 14 5m、深 3.7 m，总挖掘土方量 4 000 万 m³）。总投资：13.8 亿美元。

恢复了 120 km² 河漫滩、80 km² 湿地 [仅恢复水面和地形，少量（小于 10%）植被种植，90% 以上湿地植被自然恢复]。总投资：4.8 亿美元。

（4）2011—2020 年完成第二和第三期工程，包括：回填 37 km 的当年取直的 C–38 运河（长 37 km、宽 150 m、深 10 m，总填土方量 5 600 万 m³），投资：15.2 亿美元；完成了基西米河恢复所需的土地收购，总计 4.1 万 hm²，投资：2.8 亿美元。总投资：18 亿美元。

35 km² 的洪泛区得到恢复——仅恢复水面和地形，少量（小于 10%）植被种植，90% 以上湿地植被自然恢复。总投资：1.2 亿美元。

随后，美国陆军工程兵团和南佛罗里达水管区提出了 2021—2026 年基西米河生态系统修复后期每年运维管理经费预算（表 8.1）。

表 8.1　2021—2026 年基西米河生态系统修复后期年度运维管理经费预算

序号	明细	预算（美元）
1	河道渠道修复后维护管理	800 000
2	维护管理站	5 063 208
3	生态系统健康优化工程	4 681 875
4	水质监控管理	7 000 000
5	湿地监控优化工程	2 000 000
6	农业污染监控管理	485 218
7	运维管理工程	3 032 663

序号	明细	预算（美元）
8	运维管理决策系统模型研究	200 000
9	资产评估管理	1 472 728
10	流域生态系统修复战略评估及优化工程	23 056 732
年预算	总计	47 792 424

在 2021—2026 年的年运维管理预算 4 779 万美元中，"流域生态系统修复战略评估及优化工程"就占 2 306 万美元，几乎占了总年预算的一半（48%）。它提醒我们，生态系统修复是一个"过程"，不只是一个"工程"。即使我们的可研、规划、设计再科学，修复目标成果再好，生态系统也是个动态系统，在修复过程中需要不断调整，修复后也需要不断评估、调整、优化；尤其是修复工程后的最初 5 年时间里。可以预计，5 年后，这项"流域生态系统修复战略评估及优化工程"投入就会减少或取消，2027 年以后的年运维管理预算应该低于 3 800 万美元（小于总项目投资的 1%）。

由于科学的前期研究规划和强调效法自然的生态修复，不仅修复成本会大大降低、生态系统更健康和更快恢复，修复工程完成后，后期运维成本也会大幅度降低。效法自然的生态修复，其年运维管理费用一般为总项目投资的 1%。相对比，许多生态修复工程和湿地工程的年运维管理成本在总投资的 5% ～ 8%，运维管理负担很重，而且，修复目标和结果的也不尽人意。可见，生态修复的前期研究、策划、规划、论证很重要。生态修复的前期工作包括：制定生态修复目标、修复路线、修复技术、修复时序、可检验目标、可检验生态系统指标（指数）、效法自然、成本预算、维护管理费用等。要求非常仔细，并反复科学论证。

8.3　流域生态修复的生态系统服务价值

我们来看一下流域生态修复的生态系统服务价值。2005 年 4 月 23 号英国的《经济学人》杂志发表了全球各地经济学家对投资回报的研究评估报告。这个评估提出，如果你投资给自然，回报率是多少？答案是投资回报率大概是 7.5 倍到 200 倍。联合国 2017 年的水资源综合评估显示，每投资 1 元钱来解决污水问题，将带来 5.5 元的健康效益。这就是流域生态系统服务价值。流域生态系统服务不是简单的有山有水，而是指整个的生态系统的功能、生态系统的健康所带给我们的效益。

我们希望用金融的手段解决生态系统服务问题，创造一系列的生态系统服务的生产机制。日本丰田汽车公司 15 年前重新设计了整个生产体系，这个生产体系包括投资自然、增强生态系统服务价值、循环利用资源和废弃物。丰田汽车公司总裁说，过去 15 年丰田汽车公司的盈利全是来自废弃物。这是通过投资自然的市场方式，用市场的机制解决生产和环境问题的案例。

如果我们能建立一套新的金融体制，使得每个人在生态修复、环保产业的发展和流域生态系统中获利，这将是一个全新的市场机制和市场体系。重新启动新的经济体系来解决过去三十年高速发展带来的污染问题和新经济的发展模式。事实上，德国在 2003 年建立了《生态法》，《生态法》从整个流域生态系统服务价值来认知，带动了后来的环保产业飞速发展，在过去的十几年，都是因为实施这些法律体系，促进了德国自然资源的保护和生态系统服务价值的提升。过去，传统的工程采取的是仅依靠工程手段和工程思维的模式，今天，我们将走向真正的以整个生态系统为主体的、以生态系统服务为目标的综合管理体系，使得每个人都得利，这也是流域生态系统修复的经济效益和社会效益。

流域生态系统修复的另一个层面，就是生态安全。美国有一个"面对社会挑战委员会"，其中主要就是生态资源环境的安全。第二次世界大战以后，全球性的武装冲突中大概 70% 是因为资源、能源而引起的。所以生态环境的好坏不仅是我们每天能不能呼吸到新鲜的空气，吃不吃得到干净食品的问题，更是直接关系到未来人类的社会、人类的文明朝哪个方向走的问题。很多国家把生态安全作为国家安全的一部分，美国政府在克林顿总统时期就是这样定位的，美国国家安全局 70% 的钱是用于环境生态安全的研究。

在今天的生态环境中，我们所面对的问题需要通过生态学的方法、技术和工程，来促进和修复生物物理学过程，进一步产生好的生态系统的服务，无论是生物多样性、地下水、水的净化还是有害物质的控制，真正需要的都是干净的水、好的休息环境、安全的食物，同时控制洪水和污染，才能形成一个环境的市场，使大家进入这个生态系统服务的体系，人人受益（傅伯杰，2019）。

这里面很重要的概念就是生态工程（Ecological Engineering），它是生态学和工程的结合，它注重从设计、监控到构建这样的一个生态系统——包括自然生态系统，也包括城市生态系统所形成的一个崭新的、综合的复合生态系统。但是，这样一个崭新的生态系统往往需要生态学家参与最原始的设计和构建。比如说美国的陆军工程兵团相当于我们的工程兵，但其中三分之一的人是生态学家。可见对于我们来说，这是一个很大的缺口。因为它需要生态学家从源头上就要考虑生态工程的问题。这里还涉及设计的理念，通过工程设计的理念，回答生态修复的目标是什么，问题是什么，限制因素是什么，哪些工程能实现目标。

生态工程中的重要思想是生态系统的可塑性。生态工程的设计，大到城市生态系统、流域生态系统，小到个人或者单位，都需要认识到这样的系统具有的生态可塑性是什么，生态风险是什么。在面对不可预测的未来和变化的时候，人类可以生存下来，适应下来，甚至在这样的危机和破坏性的状态下还能发展壮大。其中的基本原理是生态系统具有可塑性，在遭到破坏的时候，生态系统能够照样生存下来。对城市的基础设施来说，就需要整个的经济系统、社会系统、环境系统有机地结合在一起。因此，怎样促进系统相互的关联性，取得系统配置上的优化和环境变化下的抗压和稳定，这就是可塑性发展，如图 8.8 所表达的生态系统可塑性与生态足迹消减程度的关系。

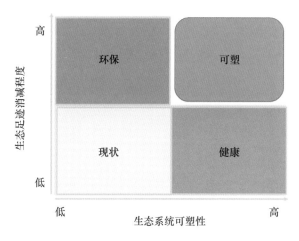

图 8.8　生态系统可塑性与生态足迹消减程度的关系

我们要寻找的是一个城市发展，或者社会的整体发展的可塑的和可持续的发展框架。这就是我们所说的生态系统服务。要真正实现可塑和可持续应该是使环境变得更好，这是一个复杂的生态系统，而不仅仅是绿色而已。

我们为什么要研究复杂的系统？比如，一部汽车的所有零部件，复不复杂？复杂。但是，这种复杂是线性的复杂。如果一部车的每一个部件都符合标准的话，一个有经验的工程师，就可以将这些部件组装成车，并可将车开上路。但是，开上路以后，开多长距离，多长时间，这是 Z 轴速度。这一路上出现的各种复杂性是不可预测的，预计 15 分钟能开到，结果开了 2 小时，这就是我们所说的复杂性，非线性的复杂性。很多生态环境的问题就是类似于这样的问题，但往往我们的决策都是基于我们所能看得见的东西，是线性的决策。这是传统科学理念的因果关系，一个线性关系，而生态系统的间接效应、非间接效应占 70% 左右。生态系统作为一门复杂性科学来说，并没有直接的因果关系。不是说一滴污水，就会使得生态系统改变，生态系统并没有本质性的变化。生态系统的非线性变化有的时候是缓慢的，完全连续的，检测不到的，也是观察不到的。但是，有的时候，生态系统的变化又会是从一种状态跳跃到另一种状态，并不是遵循传统的简单的因果关系。很多时候今天是因，明天的变化是果，是因果循环的和突变性的变化。这样的复杂系统，尤其是临界点周围发生的现象，遵循的是幂函数变动。很多时候，国家制定的长期的生态修复标准、生态工程标准，已经没有用了，系统特征已经完全变化了。另外，很多生态系统是由线性、非线性、实用性等一系列特征的因素组合起来的，加上社会和人的行为干扰，导致在生态修复的过程中，不是简单的"投入多少就收获多少"的因果关系。为了认识这种复制性，需要利用"鱼池"的概念来重构生态系统。我们可以通过专家的意见、经过长期的观察或者通过跨区域的观察，认识生态系统主要的驱动力在哪里。通过理解生态系统具有的反馈机制，来实现主动性的适应性管理，来实现生态系统可持续性（图8.9）。

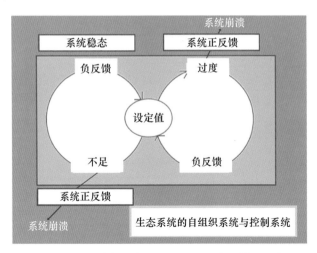

图 8.9 通过反馈机制实现主动性的适应性管理，实现
生态系统可持续性和系统的稳定性

要理解生态系统的复杂性，必须理解生态学三大基本原理：一是生态承载力——可塑性、自净能力；二是生态系统关系——功能、结构、空间格局、生态系统服务；三是生态可持续性——最大的经济利益、长远生态效益。系统的稳定性需要系统的体制来保证，这里还涉及很多生态学科，包括景观空间、格局、尺度产生的本质性和相互关联性。比如，景观生态学，当整个物流和能量循环形成一定的空间格局的时候，生态系统的空间相互关系发生了变化（Li，2000）。

从生态系统的空间相互关系，可以导出景观生态学最基本的理论，然后可以推导后面的所有生态系统空间相互关系理论。景观生态学最基本的理论之一，是景观的整体性或者层次性问题。景观相互作用：景观形成过程中，既有生物学，也有物理和其他的相互作用，是相互融合的。今天看到的城市系统是自然和人共同耦合的结果。景观是可定义的，师法自然的生态修复，要模拟自然，尤其是地形、地貌、人文生态，构建人与自然和谐；依靠自然、人工促进生态的修复过程。光是人为的智慧，实现不了真正的生态系统的整体性和整体生态系统的目标。我们可以看到，简单的工程手段带来的后果：会让本来自然、生态、具有自净化能力的河流，变成一条没有生命的河流。我们需要的是尽可能地以水动力为基础，实现安全水质和水体自净化的目标，尊重自然，恢复自然。城市发展过程中，从农耕文明的时代到工业化时代，通过工程手段形成了硬堤岸的、拉直的、渠道式的、排灌式的"河流"，亲水性就出了问题。今天我们需要从河流的生态文化和经济社会的整体功能的系统来看，重构人与自然的关系。

同样，今天为什么很多城市出现看海的现象？这就要解决流域水安全和防洪安全等问题。这里面举一个例子，来说明为什么很多城市很脆弱。可以说城市发展的各项指标本质上是对的，但是城市本底已经发生了变化。图 8.10 是 2005 年的城市迪拜和经过 15 年的发展后到 2020 年的模样。其间，发生洪水的概率增加了 3 倍，如果说按照之前的数字来设计一个城市，显然要发生洪水灾害。所以，必须跟整个景观的变化和整个区域的发展结合起来重构城市，她才具有可塑性。任何一个城市都是动态的、在进化中的，不能当成静态来设计。

图 8.10　左图是 2005 年的迪拜，右图是经过 15 年的发展到 2020 年的模样

另外，我们需要对一个河流有一个整体的理解，比如说作为整个的生态系统来理解。而生态修复的过程是包含整个社会的过程，只有在这样的过程中，才使得每一个利益攸关者参与进去。并通过对整个流域尺度进行分析，产生一系列的效益函数。对不同的系统，尤其是农田和湿地系统，哪些是源和汇的过程，哪些是源有益，汇无益。来自农业的污染，通过不同的缓冲地带，使得它进入水体的水质是达到标准的，

这也是我们设计的多级植草沟的理论。生态系统是有多种功能的，我们怎么样优化它？各种各样的植被、森林，一部分的功能是可以消化周围农田带来的污染。如果我们的饮用水也来自这样的河流，我们需要周围的森林和植被，而不是水泥地面，因为它没有自净化能力。不同的空间格局上的交错系统，可以解决很多目前水环境的问题，可以使得流域生态系统服务价值相对提高。

8.4 流域生态系统修复的资源红利

关于流域资源的利用，大家知道我们需要利用森林资源，肯定是要砍伐林木的，那么怎么砍，在哪里砍？如何保留 20% 的森林覆盖，同样能获得 60% 的森林覆盖功能，这都是我们要思考的空间格局的实际案例。

农业的发展也同样重要，当然以前自然性的农耕时代，产量是没法保证的，尽管其他方面也许很好。但是到了集约化农业的时候，一味追求的产出都是不好的。那么理想的状态是，既不能回农耕时代，那种低产量养活不了那么多人；但是同时也不能再搞高投入、高产出，因为这是不可持续的。需要的是什么？在这个基础上都牺牲一点，但是总体上是好的，即整个的作物生产是跟生态系统服务相结合的，两者相互权衡。这样使得作物产量既能满足我们的需要，又同时满足所有的生态环境的需要，保护生态系统服务的价值（图 8.11）。

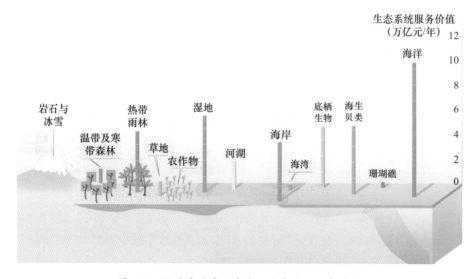

图 8.11 全球自然资源资产及生态系统服务价值

流域生态系统的自净化体系需要水动力、土壤、植物、微生物四大核心要素，最大限度来消减污染，建立河流生态系统，通过生态系统本身的自我修复能力来构建完善的水系统。这样空间格局既有生物多样的植被系统，同时又可以有自净化的体系。

今天我们造了很多人工湿地，但是并没有认真遵循自然湿地的整体生态系统服务功能和湿地生态空间格局来设计，更多的只是考虑景观效果。自然湿地的生态功能和空间格局对于湿地作为生态系统的生态可持续性是相当重要的。比如，宁夏的沙湖为什么能够保持Ⅲ类水水质？就因为沙湖湿地大量的植物种群和空间分布格局，形成强大的自净化功能和自净化体系。但是，这种自净化功能是有其生态韧性（Ecological Resilience）的。这就意味着我们如果无限地让地表径流的污染进入湿地，当污染到一定程度的时候，这个湿地自净化系统就会崩溃。因为污染超过了湿地的生态韧性，这个湿地自净化系统将因为承受不住污染而崩溃。显然，一个可持续的湿地自净化系统是湿地Ⅲ类水水质的保障。根据物质守恒定律，湿地自净化系统并不是使污染物消失，而是使之转化为植物的营养。

我们在打造荆门生态小镇的时候，就是秉承这样一种理念：要确保水资源安全，保护生态湿地自净化系统，构建天然生态屏障，确保水质安全、清洁水系、生态水系、安全水系，同时又要一个美丽景观。我们必须思考，怎么样在现有的体系下，通过规划、重新改造的设计，能够把可持续生态系统在规划中体现出来。

过去30多年出现了生态环境问题，改革开放的大部分红利因生态破坏所减少。如果说，每投资1元钱到环境保护具有7.5倍到200倍的回报，那么，每破坏1元钱的环境，要修复过来所付出的代价远远超过7.5倍到200倍的代价。因此，投资低碳和环境保护等更为持续的金融体系非常重要。金融体系可以是一个杠杆，在这个金融体系内，每一个人是作为参与者而不是旁观者。对于创新、环保、环境规划的投资，能帮助我们对整个生态系统复杂过程的理解，可以将这一理解整合到一个可持续自然资源管理的框架中。这样的创新才能防止流域生态系统进一步退化。

同样，金融工具的使用有助于优化和加快推动中国的经济结构转型，促进与生态保护相关的产业及其相关金融体系的发展。比如生态保护补偿是由于行为主体的经济活动，提高或降低了生态系统服务功能，对其他利益相关者产生影响，从而在利益相关者之间进行利益调整的一种方式，包括受损者和保护建设者接受补偿、损害者和受益者提供补偿。随着经济社会快速发展，一些地区水资源过度开发利用、水污染、河湖萎缩、地下水超采、水土流失等问题突出。部分地区生态环境脆弱，保护者和受益者之间的利益关系脱节。应用金融工具，建立水生态保护补偿机制，有助于中国河湖永续利用。

无论中国的经济结构的调整和转型诸如生态修复和环保产业发展，还是全球系统范式的变革、促进人与自然和谐的政策、创新和生态教育与价值观的建立都需要生态大数据的支撑。通过生态大数据平台，使得我们进行数据融合、加工处理、建模和进行计算模拟、情景分析等，从而为生态环境保护和修复提供决策支持。这样的大数据能帮助我们减少能源物质的消耗和污染物的排放，比如，通过大数据我们可以清楚地了解到每天各主要国家生产轻质油总量、市场价格、可能对环境的影响等（图 8.12）。可以大力创新的环境保护模式和资源利用模式，并将这些模式和数据在新颖的生态设计、生态工程和生态修复相关领域提出的理论与技术方法付诸应用。

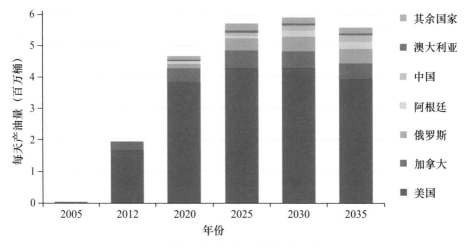

图 8.12　全球主要国家每天生产轻质油总量预测

重要的是改变我们的思考方式，过去我们说社会、经济、环境都很重要，但是事实上这三者关系并未处理好。而流域生态系统服务价值讲的是什么？讲的是环境为大，接着是社会，然后是经济，这样才是可以持续发展的体系。在这样的体系下，通过金融对整个利益相关者进行重新调控，使得每个人都获得利益，这时候的生态自然而然地就摆在优先的位置。生态学不仅反映自然关系、生态关系，更反映人本身的行为关系。

8.5　流域生态系统修复的十大生态关系

从"生态文明"到"生态可持续发展"，从"十四五"的"生态保护和绿色发展"到 2035 年"美丽中国"的发展目标，都表明了生态修复的重要性、紧迫性、战略性、科学性。从国家层面，各级政府都认识到生态修复的"重要性、紧迫性"。目前，最缺的是各级政府应该明确生态修复的实施战略、修复目标和科学方法。

（1）对于水生态修复（水系生态修复、流域生态修复），它是全流域性的、系统性的。而目前的水系生态修复是区域性的、单个城市的、单一河道。这种做法可能"事倍功半"，浪费钱财、达不到目标。从国家层面，强调和领导流域生态修复的领导力是缺失的。一个好的水生态修复，肯定是跨区域、跨城市、跨行政单元的。这就需要有高一级别的统筹领导（强的领导能力）和多方协同（强的协同能力）。一个好的水生态修复，也肯定是整流域的、全河道的，即按水系各级河道所相对应的大大小小的流域（汇水区域）。

（2）为什么说"水生态修复"应该是"水系生态修复"？因为必须从水生态系统的系统理念去考虑水生态修复，水系是个生态系统，因此，生态修复把"消灭黑臭水体"作为第一阶段工程是可以的，但是，作为治理目标是不科学的。可以说，全国的水生态修复大都需要经过严格的科学论证，需要设立科学的生态修复目标、可检验的目标，也需要有科学的实施方案的论证。所有的方案都经过专家的论证，但是这些论证必须是严肃的、科学的，而不应该是走形式的、走过场的。

（3）一个流域生态修复目标的确定和实施方案需要一个熟悉这个流域的科学家团队（院校和研究机构）、一个政府主管团队、一个项目设计实施管理团队三方的有力合作，建立一个科学的、可实施的研究方案。一个好的研究方案，应该有可检验的生态修复目标、可实施的工程方案、可承担的经济预算、可量化的生态经济社会效益。关键是，可研还要做科学证否，如果不做（或者按其他方案做）这一生态修复工程，结果是什么？我们多是为了工程上马，而证明为何应该要上马，这不是科学的方法（图 8.13）。

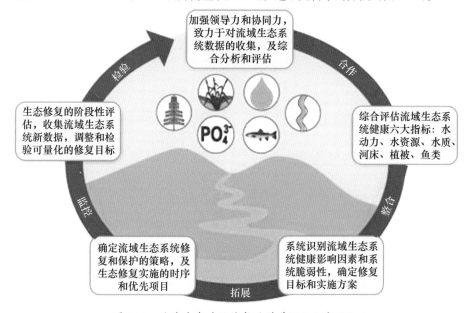

图 8.13 流域生态系统修复的科学评估和实施流程

（4）每一个水系都是不一样的生态系统，有着不同的污染和退化程度，所以它的修复目标和工程方案都不尽相同。在水生态修复方面，我们还没有建立起根据每条水系切合实际的修复目标、工程方案、时间周期、成本预算。我们应该以恢复健康的水生态系统为目标、以恢复Ⅲ类水水质、自净化系统、水动力、底栖生物和土壤、植物群落、食物链、栖息地生境、生物多样性为目标。要达到这些目标，最好和最科学的工程方案应该是效法自然的方案，以工程的手段恢复水系生态系统的自然结构、功能、空间格局。

（5）为什么说水生态修复，也是流域生态系统修复？水是水生态系统，水生态修复是水生态系统修复，所以不能仅仅是"消灭黑臭水体"。水生态系统修复，是流域生态系统修复，也是流域内国土生态修复，除了水系生态系统，要同时考虑流域内植被生态系统、湿地生态系统、水岸植被生态系统、农田生态系统、城市生态系统，要同时考虑城市可持续发展、防洪防旱、水质水资源、多样性生境保护、自然资源保护等。

（6）水生态修复必须建立在国家法律法规的基础上，有法可依，同时促进国家完善法律法规，也促进国家有一个清晰的、科学的生态修复战略。另外，生态修复也是GDP，更是绿色 GDP。美丽中国的目标肯定是绿水青山，绿水青山就是金山银山。

（7）流域生态修复包括矿山生态修复。而矿山生态修复一刀切现象是不科学的，也不符合国家发展战略。对矿山开发不应该一刀切地叫关停，也不应该一刀切全部修复，或者一刀切地修复成什么东西。国家要发展，矿山开发是必须的；不同的矿山修复从修复目标到修复工程也是不一样的。国家层面应该严格矿山开发审批、设计、风险评估等程序。在开发之前就要做好开采规划设计、修复的规划设计、可研分析、经济预算、风险评估；谁开采谁负责出资和修复，不能把修复的成本和风险转嫁给政府和社会（图 8.14）。

修复前　　　　　　　　　　　　　　　　修复后

图 8.14　矿山生态修复前后对比

（8）矿山生态修复应该因地制宜、科学分析，包括复垦、复土、复植被，导入产业、恢复为建设用地等。以科学作为依据和指导。矿山生态修复应该视经济可行，把负资产变为正资产，要跟城市发展结合，跟生态保护结合，跟农业发展结合，跟绿色发展 GDP 结合。因此，也可以实施边开采边修复。矿山生态修复可以是"全产业链工程"，要鼓励生态修复从工程、管理、产业导入、投资回报全程负责，整体承包，创新产业模式和生态修复模式。要鼓励企业投资、企业修复、企业管理、企业盈利、企业负责；政府给政策、政府监督、政府支持。国家层面应该给予开放指导、建立法规政策，配合一定的财政支持。

（9）流域生态系统内农田重金属污染，不仅涉及土壤污染的生态修复，更是食品安全的重要国策（图 8.15）。目前，对于食品安全最大的挑战是，全国 16% 的重

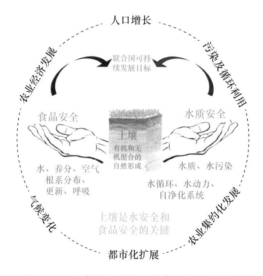

图 8.15　土壤是水质安全和食品安全的关键

金属污染超标地块的生态治理和土壤修复。因此，修复技术的可行性和实验性应该得到资金支持以及技术创新性、可行性、可实施性的支持。这是因为，重金属污染是一个严重的环境问题，它严重影响食品安全、人类健康和生态安全。土壤重金属治理和土壤安全利用已成为工业用地和农田土壤治理的重中之重。而现有修复技术的现场适用性面临着运行时间长、化学成本高、能耗大、二次污染、土壤退化等诸多障碍。近年来国际上已经开发了几种土壤重金属修复技术来解决这个问题，主要方法有物理修复、化学修复和生物修复。目前，电动修复已成为被广泛认可的一种重金属污染土壤修复技术，通过它单独或与其他修复技术相结合的电化学处理，可有效地提高污染土壤的金属去除效率。另一种原位污染物去除和提取修复技术也被广泛认可，它通过填埋、土壤冲洗和固化的方法，加上电动萃取、化学稳定化和植物修复，达到综合治理的目的。因此，未来加强土壤重金属治理研究对于选择可行

的土壤修复技术至关重要。

（10）对于土壤生态修复的产品价格补偿、安全食品价格补偿经济模式没有建立起来。生态修复得不到实质性的经济回报，这也是土壤生态修复举步艰难的原因之一。土壤生态修复应该形成社会的共识，国家层面也需要下决心、出台政策和财政支持。国家层面可以从确认安全土壤、安全食品生产基地入手，通过验证土壤安全性和确立安全生产基地，并与安全食品价格挂钩（跟有机食品类似和结合），逐步推动土壤的生态修复，实现全国土壤安全和食品安全，利国利民，而且，国家也许不需要全包办和全投资。在物联网年代，食品来自哪块土地、土壤安全、食品安全应该是可控、可行、可实现的。

9

长江流域生态大保护的生态关系

长江流域生态大保护是支撑长江经济带实现绿色高质量发展的大战略。长江生态大保护的经济代价是巨大的。但是，生态大保护的投入也将成为新的经济引擎、产生新的GDP。为此，我们提出长江经济带生态大保护、大修复、大发展的十大目标及战略措施。预计十大战略措施总体投入约11万亿元（111 720亿元）。换言之，为了再造新长江，实现生态长江、美丽长江的中国梦，需付出相当于2019年长江经济带GDP总量$\frac{1}{4}$的代价。但是，生态修复所投入的11万多亿元，也是GDP的一部分。这些生态修复的代价（GDP）将为实现区域生态、经济、社会的协调和可持续发展铺平道路。可以预测，长江生态大保护在未来10年的保护、修复、发展过程中，将实现40万亿元的总体效益。经过全流域考察，我们提出了长江经济带生态大保护的十大目标及战略措施。

关键词

长江、生态大保护、长江经济带、生态大保护的政策、生态补偿机制、法律法规。

长江全长 6 300 余 km，流域面积 180 余万 km²。长江有数千条纵横交错的支流和数万个大小湖泊，现有湖泊总面积达 15 200 km²。长江流域年均水资源总量 9960 亿 m³，森林总面积达 54.9 万 km²，森林覆盖率达 30.5%。长江是白鱀豚、白鲟、中华鲟等濒危生物种的栖息地，也是四大家鱼（青鱼、草鱼、鲢鱼、鳙鱼）等野生鱼种的天然基因库，生物多样性极为丰富。流域水能理论蕴藏量约 2.8 亿 kW，可开发量约 2.6 亿 kW。长江货运量位居全球内河第一，长江通道是我国国土空间开发最重要的东西轴线和黄金水道，在区域发展总体格局中具有重要战略地位。

长江流域内所包括的 11 个省市（上海、江苏、浙江、安徽、江西、湖北、湖南、重庆、四川、云南、贵州）为国务院确定的长江经济带，面积 205 万 km²。长江经济带涵盖人口 6.02 亿，2019 年 GDP 总量为 44.03 万亿元。长江经济带是中国经济新支撑带，是具有全球影响力的内河经济带，是东中西互动合作的协调和流域系统发展带，是水生态文明建设的先行示范带。它是中央政府谋划中国经济新棋局作出的既利当前又惠长远的重大战略决策，而加快长江生态大保护，是推动长江经济带发展的国家战略。

我们的研究表明，长江生态大保护的经济代价是巨大的。但是，生态大保护的投入也将成为新的经济引擎、产生新的 GDP。长江流域生态大保护不是停缓长江经济带的经济发展，而是新经济的发展、可持续的发展。长江作为中华民族文明的象征和摇篮，几千年来一直养育着中华民族，它生生不息，具有强大的生命力。

长江作为一个生态系统，它有强大的系统性、整体性、可塑性。从上游无数大坝所拦阻的泥沙，到上海河口的河岸冲刷；从支流的污染，到长江主河道水质的变化；从洞庭湖的挖沙，到底栖生态系统的破坏；从鱼类和湿地的消减，到鸟类的消失；从农业面源污染，到太湖的蓝藻暴发，都说明长江流域作为生态系统千丝万缕的生态关系，也说明人类活动、经济发展对系统影响的复杂性。

既然如此，长江大保护，保护什么？这些大保护都包含了哪些重大的战略措施？这些战略措施的科学依据又是什么？为了这个大保护，我们将要付出什么样的代价？这些代价又能产生什么样的生态效益、经济效益、社会效益？

9.1 长江经济带生态大保护的十大目标及战略措施

我们经过全流域的考察，针对目前长江流域存在的问题和长江生态大保护面临的挑战，提出了长江经济带生态大保护的十大目标及战略措施。

（1）防治污染、源头阻断、综合整治水系（包括各大小支流、湖泊、湿地）的水质污染和面源污染。由于流域内持续的污染排放和旱季径流量的减少，将使流域在旱季受到更为严重的水质污染（王浩等，2016）。因此，强化全流域的污水处理尾水达到地表Ⅳ类水、实现长江Ⅲ类水水质，这是保护水资源、恢复鱼类水生生态系统、保护生物多样性、实现水清岸美、提升城市品质的根本保障。

（2）加强大坝生态调控，减少大坝对水系生态系统的影响。长江上游的大坝已经改变了长江中下游的水温、水流速、水量、洪峰、泥沙量。应该大力提倡大坝管理充分兼顾生态系统水温、水流速、水量、洪峰、泥沙量的要求，加强长江水系岸线的生态保护，减少大坝对生态系统的影响，这是确保上游水电大坝群开发的可持续发展和水电安全的根本。同时，由于河流泥沙量减少，产生河床向下切割，影响长江水进入鄱阳湖，造成枯水期鄱阳湖退化成为鄱阳湿地和鄱阳草地（图9.1）。建议尽快考虑鄱阳湖大闸的建设。另外，也要关注并解决上海地下水海水倒灌问题。

图 9.1　鄱阳湖丰水期与枯水期对照

（3）加强湖泊生态系统修复和河湖联通，通过闸门智能化，科学地调节蓄水和自然水位、修复湿地、提升水系的自净化能力，退田还湖，恢复湖泊历史面积，实现全流域Ⅲ类水水质、修复湖泊、河流、湿地的水生生态系统。这是保护生物多样性、防洪防旱防内涝、优化利用雨洪资源、改善城市宜居环境、防止"城市看海"的重大措施。

（4）保育流域内的森林植被，保护和修复水岸植被带、草坡草沟，修复水系岸边的生态驳岸、软驳岸和湿地。这是防治面源污染的三道防线（水岸植被生态系统），是提升水系自净化系统的保障，是连接陆地生态系统与水生生态系统，以及保护生境及生物多样性的关键。

（5）建立入海口水质、水量、洪峰、泥沙等安全预警系统，改善滨海城市与滨海生态环境，减少对海滩海涂、海岸线、浅海的污染。保障600 km的海岸线、6 000 km² 的浅海海域的蓝水水质和优美环境，形成我国真正宜居、宜业、美丽、生态的滨海城市群。

（6）减少水土流失、防止农业污染，保障耕地、减少土壤污染，保障食品安全。

流域水质安全关系到土壤安全，土壤安全对国家粮食安全、食品安全至关重要，水污染和水土流失加剧优质耕地减少、基础地力持续下降等问题。水土流失、土壤酸化、土壤污染是流域生态大保护的焦点，是建设用地土壤环境安全的基本保障，更是食品安全的基本保障。

（7）加强水生生态系统修复、濒危水生生物种保护、生物多样性保护、鸟类种群和生境恢复。"生物多样性"是指对生物（动物、植物、微生物）与环境形成的生态复合体以及与此相关的各种生态过程的保护，也包括对水生生态系统多样性、生物种（尤其是濒危生物种）多样性和基因多样性的保护。生物多样性是人类赖以生存的条件，是经济社会可持续发展的基础，是生态安全和粮食安全的保障。

（8）保障江湖海、支流与干流联通及生态系统安全，发展江湖海联运和干流、支流直达运输，打造畅通、高效、平安、绿色的黄金水道。推动长江黄金水道运输物流功能最大化、高效化，是长江经济带全方位对外开放新优势、建设绿色生态廊道、创新区域协调发展的重要保障。

（9）在各小流域和城市区域打造海绵城市，建设宜居、宜业、生态、美丽的新型城镇。海绵城市建设是流域水资源和水质保护、城市雨洪资源管理、地下水地表水保护、城市雨污分流、美化城市的国家战略，也是水资源管理的创新模式（图9.2）。

（10）加强流域生态大保护的规划、研究、管理，完善相关法律、法规、政策。启动长江流域生态大保护的总体规划，成立长江流域生态大保护研究院，确立长江流

图9.2　打造宜居、宜业、生态、美丽的海绵城市

域生态大保护管理委员会的权限和责任，出台一系列的长江流域生态大保护的政策、生态补偿机制、法律法规。

9.2 长江生态大保护的经济代价及新经济引擎

为了实现长江生态大保护的十大目标及十大战略措施，未来 10 年的总投入可做如下预测。

9.2.1 实现地表 Ⅲ 类水的污染治理：21 000 亿元

控制污染是长江生态大保护的重中之重，全面实现地表 Ⅲ 类水的污染治理要从以下 5 个方面入手。

（1）全面实现农村污水处理：由于农村地区污水分散，管网收集困难，需要建设分散式污水处理设施进行就地治理，如一体化污水处理设备、人工湿地等。长江经济带农业人口约 2.88 亿，按人均污水量 0.3 t/a、小型污水处理设施吨位造价 3 000 元计，农村污水处理工程需投入约 2 600 亿元（图 9.3）。

图 9.3　装备式和地埋式污水治理装置，可用于乡村、厂矿新区、旅游点

（2）完善城市污水排水管网：区域内城市人口约 3.03 亿，按人均污水量 0.3 t/a 计，城市污水处理厂的出水能力足够承载，但排水管网覆盖不足，极大制约着城市污水的收集和处理效率。现状我国城市人口人均排水管网长度约为 0.7 m，按 30% 的缺口计算，整个长江经济带需要新建排水管网总长近 10 万 km。直径 300 ～ 2 000 mm 口径的钢混排水管道综合成本平均值约为 250 万元 /km，则城市污水排水管网建设需投入约 2 500 亿元。

（3）大力治理农业面源污染：农业面源污染占水系污染的 50% 以上，必须加强防治（图 9.4）。一是要对污染物进行湿地净化处理，长江经济带内耕地总面积 3 360 万 hm²，按 40% 的污染农田比例和 1 : 20 的"湿地—污染农田"配置率，需建设净化湿地 67.2 万 hm²，按 105 万元 /hm² 湿地建设成本计，湿地总投入约 7 056 亿元。二是要源头控制，实现化肥、农药"两减"，按 4 500 元 /hm² 专项补贴计，需投入约 1 512 亿元用于推广节肥增效技术、科学指导施肥施药、加强综合病虫害防治、培育鼓励有机农业等工作。

图 9.4　减少农业面源是长江流域生态大保护的关键

（4）建设海绵城市，治理城市面源污染：海绵城市建设是破解城市内涝难题、减轻城市面源污染的有效手段。根据国家海绵城市补贴标准，一般城市每年补助 4 亿元，共补贴 3 年。长江经济带现有县级市以上城市 258 个，按每个城市 12 亿元计，推动长江经济带全面海绵城市建设的补贴需投入约 3 000 亿元。

（5）杜绝工业污染：一是在工厂、工业点布局小型、专业型污水处理厂，推动清洁生产和循环化改造，达到工业污水全处理、污水不出厂的目标。2014 年长江经济带规模以上工业企业 24.7 万家，按平均每 7 家企业配置一处专业污水处理厂，处理厂建设成本 1 000 万元计，共需投入 3 500 亿元。二是清退、迁移涉危涉重企业。据 2010 年生态环境部针对石油加工和炼焦业、化学原料及化学制品制造业、医药制造业三大高环境风险行业的检查结果，长江流域涉危涉重企业达 1 万多家，按 30% 清退率、每个企业平均 5 000 万元工业产值计算，清退代价达约 1 500 亿元。

9.2.2　保护水资源、防洪防旱防内涝的流域湖泊湿地修复：5 600 亿元

长江流域现有湖泊总面积达 15 200 km²。其中，由于围湖造田和泥沙淤积，仅洞庭湖（图 9.5）、鄱阳湖、太湖、洪泽湖、巢湖五大湖面积从 15 038 km²，减少

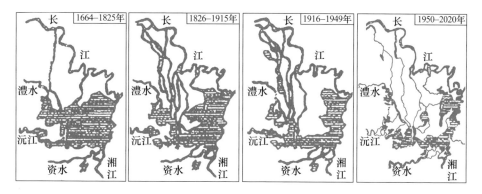

图 9.5 洞庭湖湖面面积（包括湿地）历史变迁，从 6 000 km^2 到 2 500 km^2

至 10 339 km^2，减少 31.2%。长江生态大保护亟须恢复长江流域湖泊湿地面积约 6 893 km^2。

（1）退田还湖增加湖泊湿地面积：按照长江中游地区平均人口密度 300 人 /km^2 推算，6 893 km^2 退田还湖共涉及约 200 万人口、70 万户。基于农业生产的机会成本对双退农户进行补贴，按每年 4 000 元 / 户补贴标准计，10 年期补贴投入共需 280 亿元。同时，对双退农户实行"移民建镇"的安置补偿，按人均安置面积 30 m^2、建筑安置房成本 2 800 元 / m^2 计，安置投入约 1 700 亿元。退田还湖总投入约 2 000 亿元。

（2）新建湖泊水系及岸线系统：造湖工程主要包括池底处理、土方工程和岸线处理。池底处理和土方工程按每平方千米水面 2 000 万元计，需投入 1 400 亿元。新增岸线建设林带—草坡—湿地植被三道防线，按岸线 1 097 km、三道防线造价 2 000 万元 / km 计，需投入约 200 亿元。

（3）建立新增湖泊水系自净化系统：采用河床空间改造、水生植物水质净化系统、富氧曝气、原微生物生态修复等技术，建立新增湖泊水系自净化系统，按每平方米水面 3 000 万元计，需投入约 2 000 亿元。

9.2.3 水生生态系统修复、濒危生物种保护、禁渔：32 800 亿元

水生生态系统修复、濒危生物种保护、禁渔，特别是对濒危白鱀豚和白鲟的保护（图 9.6）。白鱀豚已经在地球上生活了 2 500 万年，有"长江女神"的美誉，被列为国家一级野生保护动物，是世界上 12 种最濒危的动物之一。而白鲟，则被称为中国淡水鱼之王，也是淡水鱼家族中的第一号"巨人"，身长可达 7m，体重可达 700 多 kg，寿命在 30 年左右，是距今 1.5 亿年前中生代白垩纪残存下来的极少数远古鱼类之一，

白豚（"长江女神"）

白鲟（"长江中的活化石"）

图 9.6　濒危生物种

全世界只有我国才有，主要集中在长江流域一带，被誉为"长江中的活化石"（李媛媛，2020）。

（1）严厉打击非法捕鱼活动，加强禁渔期管理：每年为期 4 个月的禁渔期内当地渔民、渔船将获得生活补贴和燃油补贴，每条渔船总补贴资金约 1 万元，按长江 30 万艘渔船计，10 年期共需投入禁渔补贴约 300 亿元。

（2）确保水坝分层泄水，建设过鱼通道：大坝采用分层泄水技术，减少下泄水温对鱼类影响。同时，通过鱼道、鱼闸、升鱼机和集鱼船等形式建设过鱼通道。目前长江流域大小水坝 51 643 座，按平均 500 万元 / 座的技术改造、设施建设成本计，需投入约 2 500 亿元。

（3）建立鱼种繁育基地，保存鱼类种质资源，加大增殖放流：建立多元化、特色化的鱼类繁育基地，开展增殖放流活动，需投入约 1 200 亿元。

（4）建立河口生态修复区、修复水生生物群落生境：长江经济带流域面积 50 km²以上河流总长度 35.8 万 km，修复水生生物群落生境投入按 800 万元 /km 计，需投入约 28 600 亿元。其中，河口地区处于我国淡水鱼类最丰富的长江中下游淡水鱼类区系和东海海洋鱼类区系的过渡地带，具有很强的物种和生态类群多样性，亟待对鱼类等水生生物栖息地进行修复。长江口水域长约 232 km，按 8 000 万元 /km 的生境修复成本计，需投入约 200 亿元。

9.2.4　鸟类生态系统修复、生境栖息地修复：24 800 亿元

鄱阳湖每年秋末冬初（10 月），从俄罗斯西伯利亚、蒙古、日本、朝鲜以及中国东北、西北等地，飞来成千上万只候鸟，直到翌年春（4 月）逐渐离去。如今，鄱阳湖保护区内鸟类已达 300 多种，近百万只，其中珍禽 50 多种，已是世界上最大的鸟类保护区（图 9.7）。

图 9.7 鄱阳湖的候鸟

（1）湿地栖息地生境生态修复：未来长江流域修复总湖泊面积为 22 093 km²，湿地面积为 6 628 km²，按 8 000 万元 /km² 的修复成本计，需投入约 22 800 亿元。

（2）水岸植被带、岛屿等栖息地生境生态修复：水岸植被带约 9 816 km 的三道防线修复，按 2 000 万元 /km 的建设成本计，需投入约 2 000 亿元。

9.2.5 流域植被生态系统修复、水土保持：8 500 亿元

应该加大保护三江源国家公园的保护力度和保护区的范围，不仅要保护三江源国家公园的湿地，也应该保护三江源国家公园的雪山和森林（图 9.8）。

图 9.8 三江源国家公园

（1）植被修复：长江流域森林覆盖率为 30.5%，共 54.9 万 km²，按照每平方千米投入 100 万元的标准，长江经济带流域植被保育共需约 5 500 亿元。

（2）水土保持：长江流域水土流失面积达 63.74 万 km²，参照国内部分地区水土流失治理经验，按每平方千米投入 50 万元计，需约 3 000 亿元。

9.2.6 减少大坝对河流水系水动力影响的修复：1 100 亿元

（1）通过生态调度、泥沙调度，模拟自然水文情势：通过效法自然水文情势的放水、排沙，模拟自然洪峰、水流速度和泥沙沉淤状态，修复大坝上下游河流的生态系统结构和功能。预计投入约 100 亿元。

（2）湖河口建造调蓄闸门和大坝，改善江湖关系：通过建设闸坝调节蓄水和河流湿地水位、水量、水流流速，预计投入约 1 000 亿元。

9.2.7 修复河道、建设海绵城市，提升防洪防旱防内涝功能：13 500 亿元

（1）拓宽河床、增加河漫滩面积：长江经济带流域面积 50 km² 以上河流总长度 35.8 万 km，对其中 10% 的河段进行河床拓宽，增加河漫滩，增强河流蓄排水和生境功能，按 2 000 万元/km 的建设成本计，需投入约 7 200 亿元。

（2）打造流域内海绵城市：新增城市公园、雨水花园、城市湿地、城市湖泊，推动长江经济带县级市以上城市的海绵城市建设，需投入补贴约 3 000 亿元（详见污染治理投入，不重复计算，此处不计入）。

（3）疏通和恢复原有自然河道及岸线系统：修复自然河道长度 63 000 km，按 1 000 万元/km 计，需投入约 6 300 亿元。

9.2.8 实施大坝影响的生态补偿：3 000 亿元

长江上游建筑诸多的大坝，其对水生生态系统的影响主要为：

（1）上游对鱼类自然资源保护区栖息地挤占、洄游阻隔、冷水和过饱和水下泄。

（2）中游江湖关系改变对鸟类栖息地和食物链的影响，以及对鱼类栖息地的影响，以及两者不可调和的矛盾。

（3）下游河口侵蚀和营养盐结构改变对海洋生态系统的影响。

以上影响应纳入大坝建设与运作成本，由获利企业、受益地区对受损地区进行补贴，对坝区生态修复与建设投入进行支付。预计补偿规模达 3 000 亿元以上。

9.2.9 开辟长江黄金水道、打通江河航道、缩短航程：1200亿元

为了保障江湖海、支流与干流联通及生态系统安全，发展江湖海联运和干支直达运输，打造畅通、高效、平安、绿色的黄金水道，必须加强航道建设与改造，缩短航程，降低航运发展对岸线系统、水生生态系统的不利影响。目前长江通航里程近3000 km，按4000万/km改造费用计，需投入约1200亿元。

9.2.10 加强流域生态大保护的规划、研究、管理和完善相关政策、法律法规：220亿元

（1）启动长江流域生态大保护的总体规划：10亿元。

（2）成立长江流域生态大保护研究院：100亿元。

（3）确立长江流域生态大保护管理委员会的权限和责任：100亿元。

（4）出台一系列的长江流域生态大保护的政策、法律法规：10亿元。

实现长江经济带生态大保护的十大战略措施需总体投入约11万亿（111720亿元），再造新长江！付出相当于2019年长江经济带GDP总量$\frac{1}{4}$的代价，实现生态长江、美丽长江的梦想。为区域生态、经济、社会的协调和可持续发展铺平道路（图9.9）。

图9.9　实现生态长江、美丽长江的梦想，为区域生态、经济、社会的
协调和可持续发展铺平道路

9.3 长江生态大保护的生态效益、经济效益、社会效益

长江生态大保护的生态效益、经济效益、社会效益体现在十大方面。

9.3.1 推动长江经济带的可持续发展

长江经济带涵盖人口 6.02 亿，2019 年 GDP 总量为 44.03 万亿元。长江经济带是中国经济新支撑带、是具有全球影响力的内河黄金水道经济带、是东中西互动合作的协调和流域系统发展带、是水生态文明建设的先行示范带，它是中央政府谋划中国经济新棋局作出的既利当前又惠长远的重大战略决策。未来 10 年，长江生态大保护每年投入超过 1 万亿元，总投资超过 11 万亿元（111 720 亿元），将转化为新的 GDP 增量，带来每年 GDP 高达 1.2% 的持续增速效应，10 年累计 GDP 总增速效应可达 22.2 万亿元。

9.3.2 保障南水北调西、中、东线水质和水量

南水北调工程有东线、中线和西线三条调水线路，总投资额 5 000 亿元人民币。东线抽江调水规模每秒 500 m³，中线抽江调水规模为每秒 600 m³，西线抽江调水规模扩大到每秒 800 m³，由此推算带来的直接水收益为：每年 60 亿 m³（II 类水）× 4 元 /m³，共 240 亿元，10 年南水北调水资源效益可达 2 400 亿元。

9.3.3 改善滨海城市与滨海生态环境

保障 600 km 的海岸线、海滩海涂、6 000 km² 的浅海海域的优美环境（万亿资产），形成我国真正宜居、宜业、美丽、生态的滨海城市群，按每亩土地增值 20 万元计，由此带来的城市土地价值约 18 000 亿元；保护海滩海涂和浅海宝贵的生物资源、生物多样性、水生生态系统，按 900 万元 /km² 估算，其带来的滨海生态系统服务价值每年约 540 亿元，十年共约 5 400 亿元。为改善滨海城市与滨海生态环境带来约 23 400 亿元的综合效益。

9.3.4 减少水土流失、保障耕地、减少土壤污染，保障食品安全

修复水土流失 63.74 万 km²，按 150 万元 /km² 价值计，10 年土地总增值约 9561

亿元；保障耕地 3 360 万 hm²（人均耕地 0.056 hm²，已经逼近联合国粮农组织设定的人均 0.053 hm² 警戒线）、减少土壤污染、保障食品安全，按 1 500 元 / hm² 耕地价值提升计，每年带来收益约 504 亿元，十年共增值约 5 040 亿元。生态大保护实现减少水土流失、保障耕地、减少土壤污染，保障食品安全，10 年带来经济效益约 14 601 亿元。

9.3.5　水生生态系统修复、濒危生物种、生物多样性保护、鸟类恢复

按总湖泊面积 22 093 km²、湖泊生态系统服务价值 600 万元 /km² 和湿地面积 6 628 km²、湿地生态系统服务价值 900 万元 /km² 计算，每年生态系统服务价值高达约 2 000 亿元，10 年共约 20 000 亿元。

9.3.6　水资源保护、雨洪资源保护、防洪防旱防内涝

参考 1998 年洪水直接经济损失 2 551 亿元，2013 年武汉内涝直接经济损失 500 亿元，生态大保护每年将减少至少 3 000 亿元的灾害损失，10 年共减少约 30 000 亿元。

9.3.7　保育长江流域森林，修复陆生生态系统

长江经济带森林覆盖率为 30.5%，共 54.9 万 km²，按森林生态系统服务价值 100 万元 /km² 计，每年可带来约 5 490 亿元生态系统服务收益，10 年共约 54 900 亿元。

9.3.8　促使长江黄金水道运输物流功能最大化、高效化

航运能力增强将带来航运业、物流业和沿线工业的大发展；同时，依托长江干流、支流以游轮旅游为重点，以线串点建设游船母港，推进船岸互动精品景区和旅游服务设施建设，丰富沿江城市文化旅游优质产品。当前长江经济带工业占 GDP 比重约为 50%，按工业产值提升 0.8 个百分点计，每年带来的产业发展效益达约 1 200 亿元以上，10 年共约 12 000 亿元。

9.3.9　安全饮用水保障、节约自来水成本

因为水质提升降低自来水处理成本，每年带来的收益为：6 亿人，每天每人 0.33 m³，按节约成本 1.0 元 /m³ 计，每年节约成本约 722 亿元，10 年共约 7 220 亿元。

9.3.10　打造海绵城市，建设宜居、宜业、生态、美丽的新型城镇

将长江两岸沿黄金旅游线的重点旅游区域，整理沿线村庄风貌，打造沿江特色文化美丽乡村发展带。按长江经济带城镇面积 16 900 km²、土地价值提升 0.8 亿元 /km²计，城市环境改善带来城市价值提升高达 13 520 亿元。

为实现生态长江、美丽长江的梦想，实现区域生态、经济、社会的协调和可持续发展。长江生态大保护在 10 年的保护、修复、发展过程中将实现约 40 万亿元的总体效益（图 9.10）。

图 9.10　长江生态大保护在 10 年的保护、修复、发展过程中将实现约 40 万亿元的总体效益

10

黄河流域生态修复的生态关系

黄河流域生态修复可以将黄河流域分为4个河段（区域）来建立生态修复的目标和预算。上游作为三江源国家公园重点保护。中游黄土高原重点恢复植被，减少水土流失；但是，不应该追求"黄河清"，黄河泥沙是黄河的自然属性，是造就华北平原和大自然给中华大地的恩赐。中游河套地区生态修复与农业发展有机结合。黄河流域生态修复的核心区将是黄河下游滩区的生态治理和改造，黄河下游滩区再造与生态治理实现治河与经济发展的有效结合，对助推中原经济区快速发展具有重要意义。建议建立从郑州到黄河出海口的国家森林公园，保护华北平原地下水资源。

关键词

黄河流域、水文、泥沙、黄河源头、黄土高原、河套地区、河滩地区、黄河国家湿地公园、黄河国家森林公园。

10.1　天下黄河

10.1.1　黄河的挑战

黄河是中华民族的母亲河。黄河全长约 5 464 km，流域面积 79.5 万 km²，是中国境内仅次于长江的第二大河流，世界第五大河（图 10.1）。黄河、长江和澜沧江同发源于我国青海省南部三江源地区，平均海拔 3 500 ～ 4 800 m，是世界屋脊——青藏高原的腹地。黄河发源于青藏高原巴颜喀拉山北麓约古宗列盆地，蜿蜒东流，从西到东横跨青藏高原、内蒙古高原、黄土高原和黄淮海平原 4 个地貌单元，流经青海、四川、甘肃、宁夏、内蒙古、陕西、山西、河南、山东 9 个省区，最后于山东省东营市垦利区汇入渤海（张华侨等，2006）。

图 10.1　黄河流域及流域水质状况

余亚飞的《黄河颂》赞美了黄河的精神："黄河浩荡贯长虹，浪泻涛奔气势雄；石障山屏难阻挡，千回百转总流东。"由于黄河中段流经中国黄土高原地区，夹带了大量的泥沙，每年都会生产差不多 16 亿 t 泥沙，其中有 12 亿 t 流入大海，剩下 4 亿 t 长年留在黄河下游，形成冲积平原，造就了今日的华北平原。所以黄河也被称为世界上含沙量最多的河流，成为名副其实的"黄"河（图 10.2）。

图 10.2 世界上含沙量最多的河流，名副其实的"黄河"

10.1.2 黄河水文特征

黄河从三江源到入海口，水面落差为 4 480 m（黄河全长为 5 464 km，坡降比为万分之八点二），平均流量为 1 774.5 m³/s。黄河发源区属于典型的高原大陆性气候，冷热两季交替，干湿两季分明，日照时间长，辐射强烈。多年平均降水量在 200 ~ 700 mm 之间，降水量由西北向东南递增。黄河发源区年均大风日数达75 ~ 128 天，是整个青藏高原大风日数最多的地区之一，且大多集中在 11 月至来年 5 月，期间正好是黄河源区干旱频发期，干旱发生的频率达 25% ~ 50%。黄河流域内共有一级支流 56 条，其中流域面积在 3 万 km² 以上的有 4 条（渭河、汾河、湟水、无定河）。有湖泊 5 300 多个，黄河流域最大的两个淡水湖——鄂陵湖和扎陵湖就在该区。黄河多年平均河川径流量为 232.42 亿 m³，以降水和冰雪融水补给为主，占总径流量的 95.9%。黄河的入海口河宽为 1 500 m，一般为 500 m，较窄处只有 50 m，水深一般为 2.5 m，有的地方深度只有 1.2 ~ 1.3 m。黄河流域内人均水资源量为905 m³，为全国人均水资源量的 1/3；耕地亩均水资源量为 381 m³，仅为全国耕地亩均水资源量的1/5（黄河网，2020）。

10.1.3 黄河上游河段

黄河上游河段（从河源至贵德）两岸多系山岭及草地高原，海拔均在3 000 m以上，高峰可超过4 000 m。上游河道呈"S"形，河源段400 km内河道曲折，两岸多湖泊、草地、沼泽。河水清，水流稳定，水分消耗少，产水量大，多湖泊，较大湖泊有星宿海、鄂陵湖。气候为高原寒冷，鱼类系中亚高原区系，种类少，鱼类资源、水资源等生态资源丰富。黄河上游水源涵养功能严重减退（左其亭，2019）。由于黄河源区植被大面积破坏，水土流失日益严重，源区水源涵养调节功能明显下降。表现为湿地缩小、湖泊萎缩、径流减少。近年来源区许多小湖泊消失或成为盐沼地，湿地变为旱草滩。黄河源头的两大"蓄水池"鄂陵湖和扎陵湖水位已经下降了2 m以上，并且两湖间曾经发生过断流（刘建华等，2020）。目前，鄂陵湖出湖水量只有3 m³/s。黄河上游水源涵养功能和生态系统的脆弱性，以及全球气候变暖的影响，决定了对保护水资源及生物多样性具有极大的挑战（图10.3）。

图10.3 黄河上游图景

10.1.4　黄河中游河段

黄河中游河段由贵德至孟津江段是黄土高原地区（图 10.4）。黄土高原为吕梁西坡，南为渭河谷地，北与鄂尔多斯高原相接，西至兰州谷地。黄土高原海拔一般在 1 000 ～ 1 300 m，地貌起伏不平，坡陡沟深，沟壑地面坡度 15° ～ 20°，沟谷面积占 40% ～ 50%，沟道密度 3 ～ 5 km/km²，切割深度 100 m 以上。贵德至孟津多经高山峡谷，水流迅急，坡降大，贵德到刘家峡山谷极为深削，河宽 50 ～ 70 m，最狭处不到 15 m，谷深 100 ～ 500 m，水流湍急，狭窄崖陡，蕴藏丰富的水力资源。在峡谷上修建了大型水库枢纽——青铜峡水库枢纽（刘国彬等，2016）。

图 10.4　黄河中游黄土高坡段

黄河出青铜峡后进入河套地区，水流平缓，泥沙沉积，形成大片冲积平原（图 10.5）。黄河流经河口镇，折向南行，穿行秦、晋峡谷，到龙门全长只有 718 km，落差 611 m，比降大，龙门以下到潼关 130 km 河段，纳汾、渭、泾、洛诸水，水量大增，泥沙大量淤积，河道不稳定。黄河中游黄土高坡段，携带大量泥沙，给下游造成巨大危害，是根治水害的关键河段（吕志祥等，2021；卢大同，2020）。把黄河治理好，关键是要研究和理解黄河中游的泥沙形成的因素和机制，得出如何科学治理和修复的方案。

图 10.5　黄河中游河套地区形成巨大"几"字弯，水流平缓

10.1.5　黄河下游河段

　　黄河下游河段由孟津以下进入地势低平的华北平原，该段河长为 786 km，流域面积仅为 2.3 万 km²，占全流域面积的 3%。下游河段总落差 93.6 m，平均比降为万分之一点二。河道平坦，水流变缓，泥沙大量淤积，河床高出地面 4 ～ 5 m；区间增加的水量占黄河水量的 3.5%。由于黄河多次改道，地面积出的扇状古河床和古自然堤成为缓岗与洼地相间分布的倾斜平原，洼地比较开阔平展（图 10.6）。黄河中游河段流

图 10.6　黄河下游由于泥沙不断沉积，形成"地上悬河"

经黄土高原地区，支流带入大量泥沙，最大年输沙量达 39.1 亿 t（1933 年），最高含沙量为 920 kg/m³（1977 年），平均含沙量为 35 kg/m³。从河南郑州桃花峪以下的黄河下游河段，黄河泥沙每年平均造陆地 25~30 km²。下游河段长期淤积形成举世闻名的"地上悬河"，河床高出地面 4～5 m（边一飞等，2000）。黄河下游的研究包括未来模拟、预测、认识、应对黄河巨大的输沙量（平均每年输沙量约为 16 亿 t，最大年输沙量达 39.1 亿 t），是黄河水生态治理、黄河水资源保护、黄河水防洪安全、黄河文明复兴的关键，也是生态修复成功与否的关键。

10.1.6　黄河断流

黄河断流始于 1972 年，自然断流指黄河最下游一个水文站（利津水文站）测得的径流量不足 1 m³/s。在 1972—1996 年的 25 年间，有 19 年出现河干断流，平均 4 年 3 次断流。1987 年后几乎连年出现断流，其断流时间不断提前，断流范围不断扩大，断流频次、历时不断增加。1995 年，地处河口段的利津水文站，断流时间长达 122 天，断流河上延至河南开封市以下的陈桥村附近，长度达 683 km，占黄河下游（花园口以下）河道长度的 80% 以上。1996 年，地处济南市郊的泺口水文站于 2 月 14 日就开始断流，利津水文站该年先后断流 7 次，历时达 136 天。1997 年，断流达 226 天，为历时最长的断流。黄河断流的原因有全球变暖、水资源利用过度、水资源利用效率低、水资源调动的不合理等诸多因素（孟昭岭等，2005）。黄河断流严重地影响下游水资源的利用和水生态系统的功能，研究攻克黄河断流这一难题，对黄河水资源合理利用和水文、水生态系统服务具有重要意义（图 10.7）。

图 10.7　黄河下游河段形成了"地上悬河"，断流严重地影响
下游水资源的利用和水生态系统的功能

10.1.7 黄河污染

黄河水污染日趋严重，每年排入黄河的污水总量，从 20 世纪 70 年代的 8.5 亿吨、80 年代的 21.7 亿吨，90 年代的 32.6 亿吨，到 21 世纪 00 年代的 41.4 亿吨，10 年代的 41.4 亿吨，再到 20 年代的 46.8 亿吨（张馨等，2021）。黄河干流上大的污染源有 300 多个。据 1998 年水质监测资料，黄河干流及主要支流重点河段可满足生活用水的河长仅占评价河长的 29.2%。黄河水质较差，劣 V 类水质占 39.5%，干流水质略好于支流。黄河的主要支流有白河、黑河、湟水、祖厉河、清水河、大黑河、窟野河、无定河、汾河、涑水河、渭河、伊河、洛河、沁河、大汶河等（端木礼明等，2003）。主要湖泊有扎陵湖、鄂陵湖、乌梁素海、东平湖。支流面临最严重的问题是水质污染问题，历年来支流水质不断恶化，超标河长所占比例一直都高居 70% ～ 85% 之间。目前，污染严重的支流主要有湟水、汾河、涑水河、渭河、伊河、洛河、沁河等，其入黄河段水质几乎常年为劣 V 类（劣 V 类水已基本失去水体功能）。与干流相比，支流污染项目明显增多，主要超标项目除在干流上常见的外，还有溶解氧、氟化物、挥发酚、砷化物、重金属等。造成黄河流域从 2010—2020 年这 10 年水质污染逐渐加重的原因是流域生产和生活用水量急剧增加，废污水排放量也随之增大，而污染治理严重滞后，部分企业未实现达标排放，加之农业耕作大量使用化肥农药，导致每年排入黄河的废污水量不断增加（图 10.8）。同时，由于黄河流域生态环境退化、降水减少，来水量少是导致黄河污染严重的主要原因之一。水量偏枯，水体稀释和降解污染物的

图 10.8　工业、农业、生活废污水排入黄河造成水体严重污染

能力下降，引起流域水质变差。与多年平均来水量相比，2013 年上半年黄河来水量减少 32%～50%。由于降水量少，2014 年以来，黄河出现罕见的全流域性干旱。2015年五六月，黄河干支流普遍来水量偏少，为 50 年来的最低点（马亚丽等，2021）。一方面是污染量的急剧增加，另一方面是来水量的逐年减少，如何面对水系污染的严重性对黄河流域生态修复的挑战不言而喻。

10.1.8　黄河干流峡谷沟壑

黄河干流上的峡谷沟壑共有 30 处，位于上游河段有 28 处，位于中游河段有 2处，下游河段流经华北平原，没有峡谷分布。干流峡谷段累计长 1 707 km，占干流全长的 31.2%。泥沙主要来自沟道侵蚀。沟壑发育的区域，沟道侵蚀十分严重。尤其是黄土丘陵沟壑区和黄土高原沟壑区，崩塌、滑塌、泻溜等重力侵蚀十分活跃，沟谷面积虽占总面积的 40% 左右，而产沙量却占总产沙量的 60% 以上（高亚军等，2020）。严重的水土流失，不仅造成当地生态环境恶化、群众贫困、经济落后，而且给下游防洪安全构成了极大威胁。黄河流域生态修复将致力于对黄土高原沟壑区（图 10.9）的崩塌、滑塌、泻溜等重力侵蚀及水土流失的科学研究，并提供科学治理方案。

图 10.9　黄土高原沟壑区

在黄河干流上分布着的许多巨大的峡谷，如刘家峡、黑山峡、青铜峡等。它是修建水库大坝的理想坝址地段。70 年来在许多峡谷上已兴建许多大型水坝和水利枢纽，以综合开发利用水利资源。但是，对于黄河干流峡谷和水利枢纽对水动力、泥沙沉积、水生生态系统、河流形态及水文，都产生严重的影响。科学评估这些影响及提出合理的应对措施，应该是黄河流域生态修复的重要任务。

10.1.9　黄河大型水利枢纽

黄河干流共有 12 座大型水利枢纽。

（1）三门峡水利枢纽（图 10.10）：位于山西平陆、河南三门峡市交界处，1960 年投入使用。

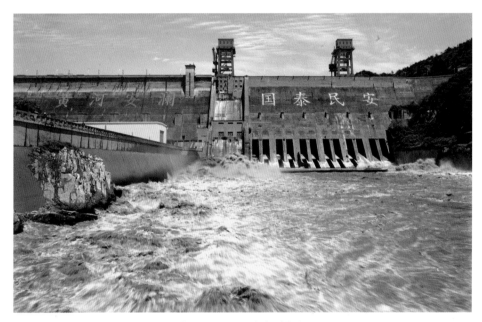

图 10.10　三门峡水利枢纽

（2）三盛公水利枢纽：位于内蒙古磴口，1966 年投入使用。

（3）青铜峡水利枢纽：位于宁夏青铜峡市，1968 年投入使用。

（4）刘家峡水电站：位于甘肃永靖，1974 年投入使用。

（5）盐锅峡水利枢纽：位于甘肃永靖，1975 年投入使用。

（6）天桥水利枢纽：位于山西保德、陕西府谷交界处，1977 年投入使用。

（7）八盘峡水利枢纽：位于甘肃兰州，1980 年投入使用。

（8）龙羊峡水电站：位于青海共和，1992 年投入使用。

（9）大峡水利枢纽：位于甘肃兰州，1998 年投入使用。

（10）李峡水利枢纽：位于青海化隆，1999 年投入使用。

（11）万家寨水利枢纽：位于山西偏关、内蒙古准格尔旗交界处，1999 年投入使用。

（12）小浪底水利枢纽：位于河南济源和孟津交界处，2001 年投入使用。

10.1.10　黄河水资源管理和调度八大问题

黄河流域生态带的治理和修复中的重要一环是水资源的管理和调度（张汝印等，2005），当今的水资源管理和调度存在八大问题。

（1）黄河水资源管理和调度中立足全流域、上中下游统筹不够，水资源管理中的地区分割管理和部门分割管理依然存在，全流域的统一管理和调度仍有不少困难。

（2）多年来，由于繁重的下游防洪负担，管理的重点始终放在下游，从全河水资源统一管理、进行水量有效分配和调度的水行政管理很不够。

（3）取水许可制度才刚刚开始，还难以实施有效的管理。

（4）流域管理与行政区域管理的职责还没有划清，流域管理缺乏强有力的约束机制和管理手段，对各省区用水还难以控制和协调。

（5）没有制定出具体的黄河水量分配和调度方案，没有制定出不同来水情况，特别是枯水年份的水量分配方案和控制意见。

（6）没有制定出适应新情况的水库调度方案，特别是考虑全河的调度方案。

（7）由于没有合理的黄河水量调度方案，还存在防洪与发电、灌溉与发电、上下游用水、汛期水库蓄水与河道泥沙冲淤等诸多矛盾难以协调。

（8）径流预报水平还难以指导实时水量调度。黄河上开展的降水、径流预报及凌汛预报基本上是从除害、保安全的角度出发，而从兴利方面要求的预报开展不够，用水预测还没有开展。

10.1.11　黄河文明及华夏文明复兴

在中国历史上，黄河流域为人类文明带来很大的影响，是中华民族最主要的发祥地之一，黄河也被称为"母亲河"。黄河流域是中国文明的中心之地，加之古代中国重农轻牧的现象，使得黄河流域植被破坏是一种长期的、历史的现象。随着公元 11 世纪气候转冷的开始，伴随着中国经济中心的南迁，黄河流域的生态破坏开始减少，然而森林覆盖已经难以恢复到公元前 3 世纪的状况。

随着植被的破坏，黄土高原开始受到黄河的侵蚀而被卷走大量的土壤，形成千沟万壑的地表形态。据科学家研究，黄河发生变化有两方面的原因。一是自秦朝以后，黄土高原气温转寒，暴雨集中。加上黄土本身结构松散，很容易受侵蚀和崩塌，加剧了水土流失，使大量泥沙进入黄河。二是人口迅速增长，无限制地开垦放牧，使森林毁灭，草原破坏，绿色植被遭到严重破坏，黄土高原失去天然的保护层，引起严重的水土流失（方立娇，2011）。黄河上中游的黄土高原总面积 64 万 km²，其中水土流失面积 43.4 万 km²。而且，黄土高原地区土壤侵蚀强度分布极不均衡，年侵蚀模数大于 5 000 t/km² 的面积约为 15.6 万 km²。更严重的是，水土流失使土壤的肥力显著下降，造成农作物大量减产。越是减产，人们就越要多开垦荒地；越多垦荒，水土流失就更严重。这样越垦越穷，越穷越垦，黄河中的泥沙也就越来越多（杨洁等，2021）。因而黄河决口、改道的次数也就越来越频繁。黄河流域和黄河文明哺育着中华民族，今天，这一文明的复兴取决于如何科学布局农、林、牧、副业及水生态系统和空间格局，取决于黄河研究科学工作者的智慧，也取决于黄河生态修复的理念。

黄河中游的黄土高原区是中华民族的发祥地，很多朝代在此建都，至今保留着许多文物古迹。它西起乌鞘岭，东至太行山，南靠秦岭，北抵长城，涉及青海、甘肃、宁夏、内蒙古、陕西、山西、河南 7 省（区）的 50 个地区（盟、州、市）、317 个县（旗、市、区），总面积 64 万 km²，是中国悠久历史文化精粹所在地，也是 21 世纪西部大开发的重要根据地。

黄河流域黄土高原（图 10.11）水土流失最严重、生态环境最恶劣，不仅制约了当地经济社会的可持续发展，而且极大地威胁着黄河下游的安全，成为困扰中华民族几千年的心头之患（乔丽芳等，2007）。黄土高原还是我国东南季风和西南季风影响的边缘区，从而使降水量自东南向西北或自西南向东北递减。黄土高原南北地跨亚热带、暖温带、温带三个温度带；东西跨半湿、半干旱和干旱等干湿地带，气候的地域差异性和过渡性十分显著。本区位于季风的尾闾区，干旱与半干旱范围大，降水不稳定，干旱、风沙频繁，天然草地与旱作农业生产能力低且不稳定。

图 10.11　黄河流域内黄土高原

气候的干旱与降水不稳定、黄土及风沙物质的不稳定相结合，使得本区生态环境十分脆弱。从土地利用形式上看，黄河流域生态修复，应该着重研究农业耕作区和畜牧区交错地区的生态脆弱性，以及可持续发展的创新路径；研究土地利用受降水波动和历史上农耕、游牧民族交替控制的影响；研究如何保障在农牧交错地带实现有农有牧的融合产业格局、时农时牧的动态发展，防止土地退化加剧，以及恢复植被的可能性和科学性。

10.2　黄河流域生态修复的重点

黄河流域生态修复可以分为 4 个河段（区域）来各自建立生态修复的目标和预算。这 4 个区域为：①上游三江源国家公园自然保护区，②黄土高原水土保持区，③河套地区水资源高效利用区，④下游洪泛区国家湿地森林公园（图 10.12）。黄河流域生态修复不同区域的修复目标可以简述为：上游即三江源国家公园自然保护区，应该扩大水源地保护面积，将重点放在保护湿地、雪山、森林，因为这是构成水源地源泉的生态系统；黄土高原水土保持区重点在于保持水土和保护水资源，减少水土流失和恢复植被（谢永生，2011；谭小平，2020）；黄河河套地区水资源高效利用区重点

① ②

③ ④

图 10.12　黄河流域生态修复 4 个河段（区域）

在于高效率利用水资源，发展现代农业；黄河下游洪泛区应该为了防洪及储蓄水资源，将重点放在下大的决心创建国家湿地森林公园，保护黄河水资源和华中平原地下水资源。我们强调，生态修复和生态治理应该实现治河与经济发展的有效结合，生态修复和生态治理应该助推经济快速发展（刘瑞平等，2021）。

10.2.1　黄河上游生态大保护与三江源国家公园保护

黄河上游河段从河源至贵德，水源涵养功能严重减退。黄河两岸多系山岭及草地高原，海拔均在 3 000 m 以上，高峰可超过 4000 m，由于黄河源区森林植被大面积破坏，水土流失日益严重，源区水源涵养调节功能明显下降，表现为湿地缩小、湖泊萎缩、径流减少。近年来源区许多小湖泊消失或成为盐沼地，湿地变为旱草滩。黄河源头的两大"蓄水池"——鄂陵湖和扎陵湖水位已经下降了 2 m 以上，而且两湖间曾经发生过断流。目前，鄂陵湖出湖水量只有 3 m³/s。黄河上游水源涵养功能和生态系统的脆弱性，以及全球气候变暖的影响，决定了保护水资源及生物多样性具有极大的挑战。因此，应进行以下几项措施：

（1）扩大三江源国家公园保护区范围，应该按三江源源头流域面积（汇水面积）划定三江源国家公园的范围和面积，包括雪山、森林、草地、湿地、湖泊。

（2）将整个三江源国家公园归属中央政府国家公园管理局统一管理。

（3）划定三江源国家公园无人区，不允许任何车辆人员进入，应该禁止三江源国家公园的旅游和各种开发（实行特别保护条例）。

（4）建立三江源国家公园研究院，应对未来各种挑战（包括全球气候变化），加强对策研究。

（5）加强三江源国家公园管理团队的建设和科学素养培训。

10.2.2　黄河流域中游黄土高原地区生态修复重点

黄河流域中游黄土高原地区恶化的生态环境，严重制约了社会经济的发展。水土流失造成耕地面积减少、土壤肥力下降、土地生产力降低，形成了"越穷越垦、越垦越穷"的恶性循环，使生态环境不断恶化，加剧了贫困，制约了经济发展。黄河流域生态修复的宗旨就是要把黄河流域的治理和生态修复有机地与三农问题结合起来，与脱贫致富结合起来（冷疏影等，1999）。生态修复应该结合乡村振兴，现代农业、高附加值农业。

针对以上规划，我们提出以下几点建议：

（1）黄河中游黄土高原生态修复重点在于恢复植被，减少水土流失，但是，不应该追求"黄河清",黄河泥沙是黄河的自然属性,是造就华北平原和大自然给中华大地的恩赐,应该加强研究如何顺应自然,保护好母亲河。

（2）黄河中游黄土高原恢复植被工程是极其复杂,也是最具挑战性的生态工程,应该集聚专业人士共同商议解决方案。

（3）黄河流域生态修复的宗旨就是要把黄河流域的治理和生态修复有机地与三农问题结合起来,与乡村振兴结合起来。

（4）黄河流域生态修复应该与黄土高原国土整治、区域经济发展、生态屏障、生态安全等国家战略结合起来,达到综合治理的效益。

10.2.3　黄河流域中游河套地区生态修复与农业发展

河套地区（图 10.13）,是指黄河"几"字弯和其周边流域。河套自古以来就为中华民族提供了丰富的文化资源及生活资源。这种河套的地形在世界大江大河里绝无仅有。河套周边地区,包括湟水流域、洮水流域、洛水流域、渭水流域、汾水流域、桑干河流域、漳水流域、滹沱河流域,都具有比较好的自然环境条件。它们环绕着河套地区,正如众星捧月一样,把河套文明推到了最高峰,同时又把河套文明传播到更广阔的区域之中。俗语说:"黄河百害,唯富一套""天下黄河富河套,富了前套富后套"。河套地区土壤肥沃,灌溉系统发达,适于种植小麦、水稻、粟、大豆、高粱、

图 10.13　"任性"黄河最美逆行,成全河套独好风景

玉米、甜菜等作物，一向是西北最主要的农业区（李铮等，2020）。今天，河套地区被称为"塞外米粮川"（李爱平，2010）。河套地区的畜牧业和水产业也很发达。这个地区的生态修复应该从以下几个方面做起：

（1）更多地融入农业生态、节水农业、光伏农业。

（2）把耕地整治、开发与水系水岸植被保护和植被生态修复结合起来。

（3）发展高科技农业和农业自动控制系统，打造智能化农业生产高地、推动智能节水节能工程、病虫害智能防控、安全食品生产基地、生产环境智能化控制、生态标准示范农田。

（4）建设高科技高附加值农业、智能自动控制系统农业、旅游、采摘、返璞归真农业；把农村建设成为宜居向往的地方，加强生态基础设施建设、完善的医疗教育市政服务、弘扬传统特色的民俗民居文化，把农田打造成为美丽生态景观和田园综合体。

（5）推行可实施的商业模式、投融资模式和管理模式，全面实现黄河流域的乡村振兴。

10.2.4 黄河下游生态修复与黄河出海口国家湿地公园

黄河流域生态修复的核心区将是黄河下游滩区的生态治理和改造，黄河下游滩区再造与生态治理实现了治河与经济发展的有效结合，符合国家推进生态文明建设要求，对实施乡村振兴战略，助推中原经济区快速发展具有重要意义。黄河下游滩区居于黄河下游的上首，河流从此冲出峡谷，进入平原，呈扇形陡然展宽，比降变缓（纵、横比降 1/5 000、1/7 000 左右），由于大量泥沙淤积，河道宽、浅、散、乱，主流摆动频繁，系典型的游荡型河段。黄河下游滩区总面积 315 400 hm²，现有耕地 22.7 hm²，村庄 1 928 个，人口 189.52 万人，受制于特殊的自然地理条件和安全建设进度，滩区经济发展落后。目前黄河下游"二级悬河"发育，如果将黄河下游滩区总面积 315 400 hm² 打造成为洪泛平原湿地和森林，将消除洪水的威胁，最大限度地保护黄河水资源。另外，滩区安全建设应该将村庄建设在最大洪水线以上，或者围堰高于最大洪水线，保障村庄和群众的生活生产安全，提高生活水平（李铮等，2020）。随着滩区内外经济社会发展的融合，滩区发展和生态治河的矛盾将日益减缓。结合新时期国家发展战略及治水新思路，考虑黄河下游自然特点和水沙输移规律，提出"充分扩展洪泛平原湿地和森林，泥沙分区落淤，保护地表水资源，补充地下水资源"的再造与生态治理设想，提出以下建议：

（1）黄河下游河段流域，从郑州到入海口约 500 km，流域宽 10 ~ 50 km。为了

"充分扩展洪泛平原湿地和森林，泥沙分区落淤，保护地表水资源，补充地下水资源"
的生态治理工程，应该规划打造从郑州到黄河口的新时代的黄河下游国家森林公园
（图 10.14）。

（2）滩区安全建设：应该将村庄建设在最大洪水线以上，或者围堰高于最大洪水
线，保障村庄和群众的生活生产安全，提高生活水平。

（3）依据黄河水沙水动力理论和国家发展战略，提出的黄河下游滩区再造与生态
治理方案，既保留了黄河下游滩区水沙交换和滞洪沉沙功能，又解决了滩区群众的安

图 10.14　郑州市城市森林公园，可以作为"黄河下游国家森林公园"参照

全和发展问题，实现治河与经济发展的有效结合。

（4）应该尽快开展黄河下游滩区再造与生态治理研究，同时在下游选取典型滩区
试点，编制试点河段治理实施方案，开展试点治理试验，并逐步向全下游河道推广。

（5）黄河下游大面积滩区的形成，既具有自然属性又具有社会属性，也是黄河河
床演变、滞洪沉沙需要的自然过程和必然结果。黄河流域生态修复就是要顺应黄河水
沙这种自然动态规律。

（6）黄河滩区生产堤是影响黄河下游河道滩槽水沙交换、加重主河槽淤积的一个
重要原因。从治河防洪的角度出发，需要废除生产堤，或者改造成为围堰，保护群众
的生产生活，并通过建立黄河下游国家森林公园，从根本上消除洪水隐患。

（7）从保护滩区群众的利益出发，需要保留一定高度的生产堤或改造为围堰，以
防止小洪水频繁漫滩受灾。生产堤既关系到治河防洪，又关系到滩区群众的生产生

活，因此，应该加快进行黄河滩区生产堤问题的研究，提出具体方案。

依据黄河水沙水动力理论和国家发展战略，提出黄河下游滩区再造与生态治理方案，既保留了黄河下游滩区水沙交换和滞洪沉沙功能，打造新时代的黄河下游国家湿地公园，又解决了滩区群众的安全和发展问题，实现治河与经济发展的有效结合，符合国家推进生态文明建设的要求，对精准乡村振兴、助推中原经济区快速发展具有重要意义。应该尽快开展黄河下游滩区再造与生态治理研究，同时在下游选取典型滩区试点，编制试点河段治理实施方案，开展试点治理试验，并逐步向全下游河道推广（刘素娟，2021）。

黄河滩区生产堤是影响黄河下游河道滩槽水沙交换、加重主河槽淤积的一个重要原因（边一飞等，2000）。黄河滩区淤积了河道62%的泥沙，漫滩洪水从花园口演进至泺口，平均削减洪峰率达49.6%，黄河滩区对减轻主河槽的淤积、确保堤防不决口发挥了非常重要的作用（杨新才，1999）。而由于生产堤的修建，减少了洪水漫滩次数，限制了滩槽水沙交换，加重了主河槽的淤积。单纯从治河防洪的角度出发，需要废除生产堤，或者改造成为围堰，保护群众的生活生产，并通过建立黄河下游国家湿地公园，从根本上消除洪水隐患（陈楠，2020）。此外，山东省黄河滩区居住有61万多群众，滩区是群众生产生活、繁衍生息的场所，居住在滩区的群众，为了生存和发展，修建了大量的生产堤。生产堤在一定程度上起着保护滩区群众生产生活免受中小洪水淹没的作用。单纯从保护滩区群众的利益出发，需要保留一定高度的生产堤或改造为围堰，以防止小洪水频繁漫滩受灾。因此，生产堤问题，多年来一直是争论的焦点，生产堤也经历了"修—破—修—破"的演变过程，至今仍然没有很好地解决。小浪底水库建成运用后，使进入下游10 000 m³/s以上洪水出现概率大幅度降低，进入黄河下游的水沙条件发生了重大变化，下游的洪水威胁大大减轻。各级政府提出要保留一定高度的生产堤，做到有计划地破除（张鹏岩等，2020；周广胜等，2021）。

10.3　黄河流域生态修复的二十大建议

（1）作为黄河"一带一路"经济带，同时也是国际上首个全流域生态优先绿色发展的示范区，特别提出了"以发展反哺生态、以生态促进转型"的生态优先绿色发展思路，这一发展思路应该成为推动黄河"一带一路"经济带高质量发展探索新模式、新路径。

（2）黄河流域生态修复既要明确生态保护的红线，也要明确城市发展的方向和扩展黄线，对其他流域而言也同样具有借鉴意义。应该编制未来几年的绿色发展和城市发展蓝图，探索生态环境保护和经济发展的良性互动，探索协同推进生态优先和绿色发展新路子。

（3）黄河从河源到入海口，水面落差 4 480 m，平均流量为 1 774.5 m³/s。黄河的入海口河宽 1 500 m，一般为 500 m，较窄处只有 50 m，水深一般为 2.5 m，有的地方深度只有 1.2～1.3 m。应该综合黄河生态修复、黄河防洪安全、黄河水资源利用、黄河泥沙动态、黄河水动力研究，将黄河流域作为整体生态系统来研究，尤其是对黄河水污染治理的研究。如有可能，应该建立黄河流域科学研究院。

（4）黄河上游水源涵养功能和生态系统的脆弱性，以及全球气候变暖的影响，决定了保护水资源及生物多样性是对黄河流域生态修复的挑战。对于三江源国家公园的保护尤其重要，应该将三江源的雪山、森林、湿地纳入国家公园，扩大保护区面积，减少人类活动和污染。

（5）黄河中游黄土高坡段，携带大量泥沙，给下游带来巨大危害，是根治水害的关键河段。把黄河治理好，关键是要把黄河中游的泥沙管住，不能让它随心所欲地流入黄河。要立法保护水岸林、水岸植被带，这将体现生态修复的重要智慧（图10.15）。

（6）黄河下游的研究应该包括对未来流域生态系统动态、水质动态、泥沙动态、水土流失、水动力变化、水资源变化的模拟和预测。而应对黄河平均每年约 16 亿 t 输沙量是黄河水生态治理、黄河水资源保护、黄河水防洪安全、黄河文明复兴的重中之重，也是生态修复成功与否的关键。

图 10.15　黄河流域黄土高原区复绿的可能性和科学性

（7）黄河断流由全球变暖、水资源利用过度、水资源利用效率低、水资源调动的不合理等多因素造成。黄河断流严重地影响下游水资源的利用和水生态系统的功能，应该加大研究攻克黄河断流这一难题，这对黄河水资源合理利用和水文、水生态系统服务具有重要意义。

（8）黄河水质污染还与水量和泥沙量关联，污染量急剧增加的同时，来水量却逐年减少，水系污染的严重性对生态修复的挑战不言而喻。应该全流域范围内消灭点污染，通过减少水土流失、农业污染、面流污染来消除污染物排入水体，保证黄河水系的水质安全。

（9）黄河流域生态修复应该致力于对黄土高原沟壑区，崩塌、滑塌、泻溜等重力侵蚀及水土流失的科学研究，总结成功的技术和经验，提供科学治理方案。

（10）黄河干流峡谷和水利枢纽对水动力、泥沙沉积、水生生态系统、河流形态及水文都产生严重的影响。应该科学评估这些影响及提出合理的应对措施，这是黄河流域生态修复的重要任务（图10.16）。

图 10.16 黄河流域三门峡库区植被恢复

（11）黄河流域生态带的治理和修复之重要一环是水资源的管理和调度，应该聚焦当今存在的水资源管理和调度的重大问题进行研究和改进，应该提高水资源的利用效率，尤其是农业用水效率，合理调配各区域的用水，保护全流域的水资源。

（12）黄河呈"几"字形流经青海、四川、甘肃、宁夏、内蒙古、陕西、山西、河南及山东九个省（区）。在中国历史上，黄河对沿河流域的人类文明带来很大的影响，是中华民族最主要的发祥地之一，被称为"母亲河"。今天，黄河文明的复兴取决于如何科学布局林、牧、农、水系统及空间格局，尤其是在黄河河套地区的现代农业发展有更现实的意义。黄河文明的复兴也取决于黄河流域生态修复的理念和农业发展（土地利用）的智慧。

（13）从土地利用形式上看，黄河流域生态修复应该着重于研究农业耕作区和畜牧区交错的地区的生态脆弱性及可持续发展的创新路径，研究土地利用受降水波动和历史上农耕、游牧民族交替控制的影响，研究如何保障在农牧交错地带有农有牧的融合产业格局、时农时牧的动态发展，防止土地退化加剧。

（14）黄河下游滩区的生态治理和改造将是黄河流域生态修复的核心，也是黄河流域生态修复最大的挑战，黄河下游滩区再造应该与生态治理相结合、治河与经济发展相结合，这符合国家推进生态文明建设要求，也对实施乡村振兴战略、助推中原经济区快速发展具有重要意义。如有条件，应该将整个黄河下游滩区综合打造成国家湿地森林公园，保证优于Ⅲ类水进入渤海湾。

（15）建议尽快开展黄河下游滩区再造与生态治理研究，同时在下游选取典型滩区试点，编制试点河段治理实施方案，开展试点治理试验，并逐步向全下游河道推广。尽可能加大湿地、森林、水系的面积，并优化湿地、森林、水系、石滩的景观空间格局。

（16）面对黄河滩区生产堤采取什么样的态度，需要通过研究来回答。通过对黄河滩区生产堤问题进行深入分析研究，全面分析生产堤的利弊，提出正确的意见和建议。因此，进行黄河滩区生产堤问题研究非常必要，应该模拟几个方案进行综合分析与比较。

（17）黄河流域生态修复的宗旨应该是把黄河流域的治理和生态修复有机地与加强生态基础设施建设、完善的医疗教育市政服务、弘扬传统特色的民俗民居文化结合起来。通过生态修复把农田打造成为美丽生态景观和田园综合体。推行可实施的商业模式、投融资模式和管理模式，全面实现黄河流域的乡村振兴。

（18）黄河流域生态修复应该以导入产业为主轴，以经济振兴和可持续发展为目标，重振黄河经济带。我国经济已由高速增长阶段转向高质量发展阶段，黄河"一带一路"经济带振兴应该瞄准高质量发展。转变发展方式、优化经济结构、转换增长动力，建设黄河"一带一路"现代化经济体系，实现跨越式发展是对黄河流域生态修复的迫切要求和发展战略目标。

（19）黄河流域生态修复应该创新性地构建黄河流域和黄河沿岸生态优先绿色发展指标体系，从绿色增长、生态产品、绿色生活、绿色制度、发展质量5个方面提出参考性或约束性指标，既考虑科学性又考虑可操作性。黄河流域生态修复应该针对黄河流域的实际，提出未来发展的主线、实施任务、生态修复目标、华夏文明复兴战略、黄河"一带一路"现代化经济体系建立的具体措施，以及急需推进的重大工程。

（20）黄河流域生态修复实现的路径是：生态修复和黄河流域文化相结合，现代的生态修复，是一种"融合了当地文化的修复，是一种生态意识和生态文化在生态修复中的体现；生态修复最终实现的不是为了修复而修复，而是实现了'天人合一'、自然—社会和谐统一的状态"。生态修复和文化修复要相互促进、相互耦合。生态修复技术创新的同时，支持和邀请的国际国内专家团队，共同研究，共拟可实施的可行性研究方案。寻求各种基金的资金支持，共同推进黄河文明的伟大复兴，重铸现代黄河文化的新辉煌。

参考文献

[1] Carmen A R, Justo G N, Juana M D. Facilitation Processes and Skills Supporting EcoCity Development[J]. Energies. 2018, 11（4）: 777.

[2] Bensel T, Turk J. Contemporary Environmental Issues[M]. San Diego, CA: Bridgepoint Education，2011.

[3] BCG（Boston Consulting Group）. Future of Cities[OL]. [2020]. https://www.bcg.com/publications/2020/solving-mobility-challenges-in-megacities.

[4] Cassman K G, Dobermann A. Nitrogen and the future of agriculture: 20 years on[J]. AMBIO, 2022, 51: 17−24.

[5] Chen Y, Zhang S, Huang D, et al. The development of China's Yangtze River Economic Belt: how to make it in a green way? [J]. Science Bulletin. 2017，62（9）: 648-651.

[6] Chou S K, Costanza R, Earis P, et al. Priority areas at the frontiers of ecology and energy[J]. Ecosystem Health & Sustainability, 2018, 4（10）: 243-246.

[7] Costanza R, D'Arge R, Groot R D, et al. The value of the worlds ecosystem services and natural capital[J]. Nature, 1997, 387（6630）: 253-260.

[8] Costanza R , Graumlich L J , Steffen W , et al. Sustainability or Collapse: What Can We Learn from Integrating the History of Humans and the Rest of Nature? [J]. AMBIO, 2007, 36: 522-527.

[9] Daly H E, Farley J. Ecological Economics: Principles and Applications[M]. 2nd ed. Washington：Island Press, 2004.

[10] Diamond J. Collapse：How Societies Choose to Fail or Succeed[M]. 2nd Ed. United States：Viking Press，2011.

[11] Environmental Economics. Rescuing environmentalism[OL]. [2005-04-21]. https://www.economist. com/leaders/2005/04/21/rescuing-environmentalism.

[12] Li B L. Why is the holistic approach becoming so important in landscape ecology?[J]. Landscape and Urban Planning，2000，50（1）: 27−41.

[13] Makarieva A M, Gorshkov V G, Li B L. Comprehending ecological and economic sustainability:Comparative analysis of stability principles in the biosphere and free market economy[J]. Annals of the New York Academy of Sciences, 2010, 1（01）: 1-18.

[14] Marten G G. Human Ecology: Basic Concepts for Sustainable Development[M]. London：Cambridge University Press，2001.

[15] Mccauley D J. Selling out on nature[J]. Nature，2006, 443（7107）: 27–28.

[16] Trebilco R, Baum J K, Salomon A K, et al. Ecosystem ecology: size-based constraints on the pyramids of life[J]. Trends in Ecology & Evolution, 2013, 28（7）: 423–431.

[17] O'Neill R, Marini D, Waide J, et al. A hierarchical concept of ecosystems[J]. quarterly review of biology, 1986: 253.

[18] Tilman D, Cassman K, Matson P, et al. Agricultural sustainability and intensive production practices[J]. Nature, 2002, 418：671–677.

[19] Vollset S E, Goren E, Yuan C W, et al. Fertility, mortality, migration, and population scenarios for 195 countries and territories from 2017 to 2100: a forecasting analysis for the Global Burden of Disease Study[J]. Lancet. 2020, 396（10258）:1285-1306.

[20] Wu Y, Swain R E, Jiang N , et al. Design with Nature and Eco-City Design[J]. Ecosystem Health and Sustainability, 2020, 6（1）: 1-10.

[21] Wu Y, Wang N, Rutchey K. An analysis of spatial complexity of ridge and slough patterns in the Everglades ecosystem[J]. Ecological Complexity, 2005, 3（3）: 183-192.

[22] Zhao Z H , Reddy G , Hui C, et al. Approaches and mechanisms for ecologically based pest management across multiple scales[J]. Agriculture Ecosystems & Environment, 2016，230: 199-209.

[23] Zhao X, Liu J, Liu Q, et al. Physical and virtual water transfers for regional water stress alleviation in China[J]. Proceedings of the National Academy of Sciences of the United States of America, 2015, 112（04）: 1031-1035.

[24] 边一飞，张良存 . 加快山东黄河滩区发展建议 [J]. 中国人口·资源与环境，2000（04）: 100-102.

[25] 陈楠 . 黄河流域生态安全与政府治理——评《黄河流域生态环境十年变化评估》[J]. 人民黄河，2020（4）: 165-166.

[26] 端木礼明，成刚 . 河南黄河滩区综合治理与开发措施探讨 [J]. 中国水利，2003（11）: 66-67.

[27] 方立娇 . 长江及武汉市内水系与武汉的发展 [OL]. [2011]. https://wenku.baidu.com/view/1fad177a31b765ce050814ba.html.

[28] 傅伯杰 . 绿水青山的生态系统服务价值与功能 [M]// 王浩，李文华，李百炼，等 . 绿水青山的国家战略、生态技术及经济学 . 南京：江苏凤凰科学技术出版社，2019: 165-186.

[29] 高亚军，徐十锋，吕文星，等 . 黄河粗泥沙集中来源区洪水泥沙阶段变化研究 [J]. 中国水土保持，2020（9）: 80-83.

[30] 国家林业和草原局政府网 . 国家公园与自然保护区：各司其职的"孪生兄弟"[OL].
[2018-12-29]. http://www.forestry.gov.cn/main/72/20181229/151129387678852.html.

[31] 韩彦莉 . 黄河滩区新农村建设对策研究 [J]. 协商论坛，2007（07）：2.

[32] 侯立安 . "绿水青山"理论与水安全保障技术的创新发展 [M]// 王浩等 . 绿水青山的国家战略、生态技术及经济学 . 南京：江苏凤凰科学技术出版社，2019：57-78.

[33] 黄河网 . 流域水资源总量 [OL]. [2011-08-14]. www.yrcc.gov.cn/hhyl/hhgk/qh/szyl/201-108/t20110814_103520.html.

[34] 金卫斌，李百炼 . 流域尺度的景观—水质模型研究进展 [J]. 科技导报，2008（7）：2-6.

[35] 冷疏影，刘燕华 . 中国脆弱生态区可持续发展指标体系框架设计 [J]. 中国人口•资源与环境，1999，9（02）：42-47.

[36] 李爱平 . 解读河套地区的远古与"文明变迁"[N]. 内蒙古晨报，2010-09-12.

[37] 李百炼 . 论绿水青山与可持续发展 [M]// 王浩，李文华，李百炼，等 . 绿水青山的国家战略、生态技术及经济学 . 南京：江苏凤凰科学技术出版社，2019a：149-164.

[38] 李百炼 . 绿水青山的经济学 [M]// 王浩，李文华，李百炼，等 . 绿水青山的国家战略、生态技术及经济学 . 南京：江苏凤凰科学技术出版社，2019b：207-218.

[39] 李百炼，伍业钢 . 谈"十四五"生态保护与绿色发展的生态关系 [J]. 科技导报，2021，39（3）：88-101.

[40] 李文华 . 生态补偿与资源保育 [OL]. [2017]. https://wenku.baidu.com/view/f54ea0114b7302768e9951e79b89680203d86b84.html.

[41] 李文华 . 论绿水青山的生态修复与生态发展战略 [M]// 王浩，李文华，李百炼，等 . 绿水青山的国家战略、生态技术及经济学 . 南京：江苏凤凰科学技术出版社，2019：21-36.

[42] 李媛媛 . 长江禁捕退捕有哪些阶段性成效？[OL]. [2020-12-15]. https://www.163.com/dy/ article/FTTT19PK0511DJHA.html.

[43] 李铮，张海涛，马涛 . 河南省黄河流域生态保护推进会议暨省黄河流域生态保护和高质量发展领导小组第四次会议强调：牢记嘱托建设造福人民幸福河生态优先开创保护治理新局面 [J]. 资源导刊，2020（10）：6-7.

[44] 刘国彬，王兵，卫伟，等 . 黄土高原水土流失综合治理技术及示范 [J]. 生态学报，2016，36（22）：7074-7077.

[45] 刘建华，黄亮朝，左其亭 . 黄河流域生态保护和高质量发展协同推进准则及量化研究 [J]. 人民黄河，2020，42（9）：26-33.

[46] 刘瑞平，魏楠，宋志晓，等.黄河流域土壤污染治理的战略研究 [J].环境科学与管理，2021（9）：45-49.

[47] 刘素娟.新时代黄河流域生态治理机制研究——评《黄河流域生态保护和高质量发展报告》[J].人民黄河，2021（6）：后插 5.

[48] 卢大同.强化黄河流域水生态治理保障黄河流域高质量发展 [J].农业灾害研究，2020（6）：153-154.

[49] 吕永龙.绿水青山与绿色发展和生态城市建设路径 [M]// 王浩，李文华，李百炼，等.绿水青山的国家战略、生态技术及经济学.南京：江苏凤凰科学技术出版社，2019：99-112.

[50] 吕志祥，乔金花.黄河流域甘肃段生态治理的法治保障分析 [J].河北环境工程学院学报，2021（1）：1-5.

[51] 马亚丽，张芮，许健.黄河流域甘肃段潜在蒸散发时空变异规律及驱动因子分析 [J].节水灌溉，2021（10）：7-12.

[52] 孟昭岭，李琦，赵顺利.开封黄河滩区开发利用与防洪问题探讨 [J].黄河水利职业技术学院学报，2005（04）：6-13.

[53] 乔丽芳，陈亮明，张毅川.郑州黄河滩地景观可持续发展研究 [J].重庆建筑大学学报，2007，29（06）20-24.

[54] 谭小平.推进黄河流域水土流失治理打造生态维护水源涵养区——四川黄河流域水土保持工作概述 [J].中国水土保持，2020（9）：13-14.

[55] 王浩.绿水青山的国家战略与水生态治理技术 [M]// 王浩，李文华，李百炼，等.绿水青山的国家战略、生态技术及经济学.南京：江苏凤凰科学技术出版社，2019：1-20.

[56] 王浩，李文华，李百炼，等.绿水青山的国家战略、生态技术及经济学 [M].南京：江苏凤凰科学技术出版社，2019.

[57] 王浩，贾仰文.变化中的流域"自然—社会"二元水循环理论与研究方法 [J].水利学报，2016（10）：1219-1226.

[58] 伍业钢.海绵城市设计：理念、技术、案例 [M].南京：江苏凤凰科学技术出版社，2016.

[59] 伍业钢.美丽乡村建设 [M]// 王浩，李文华，李百炼，等.绿水青山的国家战略、生态技术及经济学.南京：江苏凤凰科学技术出版社，2019a：79-98.

[60] 伍业钢.建设绿水青山的生态技术 [M]// 王浩，李文华，李百炼，等.绿水青山的国家战略、生态技术及经济学.南京：江苏凤凰科学技术出版社，2019b：127-148.

[61] 伍业钢. 打造绿水青山的商业模式 [M]// 王浩，李文华，李百炼，等. 绿水青山的国家战略、生态技术及经济学. 南京：江苏凤凰科学技术出版社，2019c：187-206.

[62] 伍业钢，斯慧明. 生态城市设计：中国新型城镇化的生态学解读 [M]. 南京：江苏凤凰科学技术出版社，2018.

[63] 谢高地，张彩霞，张雷明，等. 基于单位面积价值当量因子的生态系统服务价值化方法改进 [J]. 自然资源学报，2015，30（08）：1243-1254.

[64] 谢永生，李占斌，王继军，等. 黄土高原水土流失治理模式的层次结构及其演变 [J]. 水土保持学报，2011，25（03）：211-214.

[65] 严晋跃. 绿水青山的国家战略与未来能源系统的关系 [M]// 王浩，李文华，李百炼，等. 绿水青山的国家战略、生态技术及经济学. 南京：江苏凤凰科学技术出版社，2019：37-56.

[66] 杨洁，谢保鹏，张德罡，等. 基于 InVEST 模型的黄河流域土壤侵蚀评估及其时空变化 [J]. 兰州大学学报（自然科学版），2021（5）：650-658.

[67] 杨新才. 关于古代宁夏引黄灌区灌溉面积的推算 [J]. 中国农史，1999（03）：85-99.

[68] 俞孔坚. 绿水青山与"生态中国和美丽中国"建设 [M]// 王浩，李文华，李百炼，等. 绿水青山的国家战略、生态技术及经济学. 南京：江苏凤凰科学技术出版社，2019：113-126.

[69] 张华侨，王健. 中国黄河调查 [M]. 武汉：湖北人民出版社，2006.

[70] 张鹏岩，耿文亮，杨丹，等. 黄河下游地区土地利用和生态系统服务价值的时空演变 [J]. 农业工程学报，2020，36（11）：277-288.

[71] 张汝印，耿明全，吴兴明. 黄河下游滩区综合治理标准探讨 [J]. 人民黄河，2005（12）：26-27.

[72] 张馨，丁铮. 黄河流域生态环境协同治理的法治保障研究 [J]. 北方经济，2021（11）：66-69.

[73] 周广胜，周莉，汲玉河，等. 黄河水生态承载力的流域整体性和时空连通性 [J]. 科学通报，2021，66（22）：2785-2792.

[74] 左其亭. 推动黄河流域生态保护和高质量发展和谐并举 [N]. 河南日报，2019-11-22（6）.